浩晨·天宇◎编著

创富心理学：你的财富来自哪里

CHUANGFU XINLIXUE
NIDE CAIFU LAIZI NALI

✔ 财富就像海水，饮得越多，
✔ 渴得越厉害；
✔ 名望实际上也是如此。

理想的社会状态不是财富均分，
而是每个人按其贡献的大小，
从社会的总财富中提取它应得的报酬。

中国言实出版社

图书在版 编目(CIP)数据

　　创富心理学：你的财富来自哪里 ／ 浩晨·天宇编著.
-- 北京 ：中国言实出版社，2017.1
　　ISBN 978-7-5171-2209-8

　　Ⅰ．①创… Ⅱ．①浩… Ⅲ．①成功心理－通俗读物
Ⅳ. ①B848.4-49

中国版本图书馆CIP数据核字(2017)第013740号

责任编辑：胡　　明
封面设计：浩　　天

出版发行 中国言实出版社
　　　　　地　　址：北京市朝阳区北苑路180号加利大厦5号楼105室
　　　　　邮　　编：100101
　　　　　编辑部：北京市海淀区北太平庄路甲1号
　　　　　邮　　编：100088
　　　　　电　　话：64924853（总编室）64924716（发行部）
　　　　　网　　址：www.zgyscbs.cn
　　　　　E-mail：zgyscbs@263.net
经　　销 新华书店
印　　刷 三河市天润建兴印务有限公司
版　　次 2017年2月第1版　　2017年2月第1次印刷
规　　格 787毫米×1092毫米　1/16　印张15
字　　数 200千字
定　　价 39.80元　　　　ISBN 978-7-5171-2209-8

前　言

　　人人都渴望拥有三样东西：健康、财富和爱。它们值得每个人去追求和完善。其中健康无疑应该排在首位，因为如果肉体遭受折磨，精神还怎么可能保持愉悦？不是所有人都认为财富是必要的，但大家至少都承认充足的供应是必需的。另外，个人标准不同，一个人觉得满足，另一个人可能认为还远远不够。事实上，大自然的供应不仅充足，而且是极其丰富、大方和奢华的。我们都知道，一切的不足和局限，都是人为分配方式不当造成的。

　　我们已经认识到，宇宙为所有人准备了满满的"健康""财富"和"爱"。健康、财富和爱，是多数人毕生的追求。也可以说一个人从呱呱坠地到寿终正寝，这一生孜孜不倦追求的多数就是这三件事，这是人类天生的使命。那些同时拥有健康、财富与爱的人，他们的"幸福之杯"已注满，再也加不进其他东西。

　　然而，根据经济学家的统计，地球上大约96%的财富掌握在1%的人手中。原因是什么？难道是其他99%的人不够努力吗？世界上努力却没有成就的人很多；难道是其他99%的人不够幸运吗？也未必，很多幸运者今天成功了，很快却遭遇了失败；难道是其他99%的人不够聪明，缺乏才智吗？否也，这个世界上有着大量的有才华的穷人。

　　有许多种解释财富的说法，但这些解释的基本内容大体一致。财富包括一切具有交换价值、对人有用、令人愉悦的物品。

　　财富是一种媒介，因此它具有交换价值，财富不仅意味着我们拥有某种物品，同时，我们还可以用手中的财富换取更多自己想要的但原来不属于自己的东西。如果不能进行交换，财富就没有多大的价值。

我们常言"勤劳致富"，由此可见，劳动是财富产生的原因，而财富是劳动的结果，财富是劳动的产物。

财富是手段，不是目的，是一条达到终点的途径。我们要学会驾驭财富，而不是被财富所驾驭。财富不是主人，而是仆人。让财富成为自己的主宰，自己服务于财富的做法是本末倒置。

财富是精神力量和金钱意识累积的结果。这力量和意识犹如一把神奇的魔杖，助你接受一切理念，帮你制订完善的计划。付出的快乐和收获的快乐一样令人满足。

目 录

第一章 财富欲望

第二章　关于创富

第三章　开发创富的潜能

第四章　创富离不开坚强的意志力

第五章　创富离不开强大的自信

第六章　创富时自我激励的重要性

第七章　做个行动者

第八章　健康也是一种财富

第一章
财富欲望

巨大的财富具有充分的诱惑力，足以稳稳当当地起致命的作用，把那些道德基础并不牢固的人引入歧途。

——马克·吐温

◆ 对财富的追求

我们知道人的生命是有限的，我们不能再浪费自己的生命了，想实现自己的理想就要去行动。只有敢于迎接挑战，才会发现生活的意义和乐趣。

英国著名的天文学家詹姆斯·布拉法莱，被任命为英国格林尼治天文台台长时，英国女王见他的薪水很低，就打算给他加薪。他立刻表示反对，然后诚恳地说："如果这个职位可以带来丰厚的收入，那么以后到这个职位来的将不再是天文学家了。"

这句不乏幽默、语重心长的话，是这位科学家多年饱经沧桑之后总结出的人生箴言，他研究了金钱对人们的威胁，目睹了社会上无数的兴衰荣辱，才得出了这个有趣而发人深省的结论。

意大利著名作曲家罗西尼听说自己有一批富裕的仰慕者，他们正准备在法国为他建一座雕像。他很感动，便问了解这一情况的人："他们准备花多少钱？"

"听说是1000万法郎吧。"

"1000万法郎，"罗西尼大为吃惊，"如果他们肯给我500法郎，我愿意亲自站在雕像的底座上！"

在上述两个例子中，幽默的詹姆斯·布拉法莱似乎对英国格林尼治天文台的职位很看重，而罗西尼的幽默又貌似看重500法郎。实际上，这两则小故事表达了天文学家和作曲家对金钱的"淡漠态度"。

布拉法莱正是对金钱的轻视，才会有重视低薪职位的幽默；同样如果罗西尼没有这样的谦恭，而是对用1000万法郎雕像欣喜若狂，也绝不会有这样看起来"贪财"的幽默。

人类作为万物之灵，除了要满足吃饱、穿暖的基本需求之外，更要追求生命的自我实现。每个人在骨子里都渴望实现自己的最大价值，希望成为理想中的自己，这种渴求与理想是与生俱来的，有没有实现自己的最大价值也是每个生命成功与否的标志之一。从本质上来说，最大限度地实现自身的发展，也是每一个人都应该享有的权利。它意味着我们拥有能够自由、充分地享用一切所需资源的权利，并可以以这些资源来强健体魄、开启心智、丰富思想。从这个角度来说，我们就应该去努力追求财富。我们只有享有富足的生活，才能感受到活着的意义。如果我们尊重生命，希望过一种真正有尊严的生活，我们就应该尊重通过劳动得到的财富，就应该关注"致富之道"。

在现实生活中我们到处都可以看到金钱的力量和富人的贡献，也能看到贫穷带给人类的负面影响。有人说"贫穷是最大的罪恶"。有人说"贫穷是愚蠢的深渊"。有人说"贫穷深刻无比，它背后的故事多于爱情"。

贫穷总是与罪恶联系在一起的，很多罪犯之所以触碰法律的底线，大多数是因贫困而起。偷盗、抢劫、绑架等行为，就是为了达到最直接的经济目的——钱，然而我们很少看到有哪位富人参与这样的犯罪。因为富人不需要犯罪就可以获得财富，所以他们更加珍惜和热爱自己的生命，更加懂得自己人生的价值。

所以，金钱不是万恶之源，从某种程度上说，贫穷才是万恶之源。事实上人类社会发展的历史证明，金钱对任何社会、任何人都是重要的，也是有益的。它使人们能够从事许多有意义的活动。个人在创造财富的同时，也在对他人和社会做着贡献。

随着现代社会的不断发展，人们对生活水平的要求也在不断提高，在现实生活中我们每个人现在都必须承认：金钱虽然不是万能的，但没有金钱却又是寸步难行的。

在人类的远古时代，人们很少交易，即使交易也用不到钱，都是以物易物，但今天不行。在当今这样的信息时代，我们每个人都需要拥有一定的财产：一栋房屋、一套家具、齐全的电器、四季的服装、舒适的轿车等，而这些都需要用钱才能买到。在日常生活中，更是需要金钱来维系人们的生活。所以说在现代社会，金钱是生存的前提、买卖双方的桥梁，和个人价值高低的象征。

但是我们对金钱和财富应有一个正确的看法。我们提倡个人创造财富，但反对拜金主义，事实上在人的一生中还有很多比金钱更宝贵的东西。

奥里森·马登在七岁时就成了孤儿，无依无靠的他不得不自己去寻找住的地方和吃的东西。早年他读了苏格兰作家斯玛尔斯的《自助》一书，了解到斯玛尔斯像自己一样在孩提时就成了孤儿，但是他找到了成功的秘诀。《自助》一书中的观点，让马登心中升起了一个极为强烈的愿望，并发展成崇高的信念，使他的世界变成了一个值得生活和完美的世界。

他在一个马厩里工作，仅靠1.5美元来维持每周的生活。在工作之余，他把所有的时间都用在写作上，终于在1893年完成了初版的《向前线挺进》。

马登和我们一样相信人的品质是取得成功和维护财富的关键，并认为人能使自己达到真正完美无缺，那就是一个巨大的品质本身就是成功的。他指出了成功的秘密：追求金钱，但是反对追逐金钱和过分贪婪。他认为还有比谋生重要千倍的东西，那就是追求崇高的生活理想。

马登阐明了为什么有些人即使已成为百万富翁，但仍然是彻底的失败者的原因，那些为了金钱而牺牲家庭、荣誉、健康的人，一生都是失败者，不管他们最终能够获得多少财富。

崇尚金钱是一种优良品质，但不要过分沉溺其中，不贪财也不要吝啬。

我们要正确地认识金钱和财富。这正如美国学者戈德曼所认为的一样，财富智商是人们的多种智能和个性品质在理财素质上综合体现出来的能力。从积极的角度看，他认为金钱有六种用途。

1.有钱的感觉舒服

乔·路易曾经说过："我并不喜欢钱，不过它能使我的神经得到平静。"显然没钱和有钱的感觉肯定是大不一样的，特别是你如果由穷变富，你的支配簿上随时都有钱让你能够从容应付所需的一切生活开支，甚至是比较大的额外开支。那么你能够真正地体验到"有钱的感觉真好"，同时这也意味着你能够享受舒适和无忧无虑的生活。

2.有钱让你的事业更顺利

富有可以使你没有家庭日常开支的忧虑，也没有应酬的时候因为没钱而尴尬，自然也不会出现"贫贱夫妻百事哀"的家庭惨境，诸事的顺利带来家庭的和睦。

3.金钱能够提高生活质量

现在我们都希望健康、愉快地生活，提高生活质量是现代人普遍关心的问题。当然提高生活的质量并不是指过度的高消费和挥金如土的生活，而是指适度的有高雅情趣并有益于身心健康的生活。比如参加高雅的休闲娱乐活动，可以到世界各地去旅游，领略大自然的美好风光，参观历史名胜古迹，从而陶冶情操、增长见识等诸如此类的活动。没有钱的话，这些事情是不可能如期完成的。

4.财富能给你带来健康

生命是人世间最宝贵的，而健康则是生命的保障。健康遭到破坏，那就会严重影响生命质量。保护生命就必须保护健康，富人愿意也有足够的财力为自己的健康投入足够的金钱。假如生病了，有钱人可以进最好的医院，找最好的医生，使用最先进的医疗器械，使用最好的药物，享受最专业和最好的医护，从而使身体尽快得到康复。的确财富不能等同于健康，但它能够为你带来健康。

5.有钱能减少精神压力

钱是很重要的，尤其是当你因缺钱而为生计四处奔波时，最能体会到它的价值。缺钱的日子是不好过的，你会感受到一种强大的压力、焦虑、烦躁、抑郁，甚至精神分裂，从而给你带来生理、心理、精神、情感等一系列影响生命和健康的不利因素。有钱的时候，你就不会因为经济问题而出现心理上的这些不利因素，也不会因此而带来精神上的压力，因为有钱会使你感到从容自如和宁静平和。

6.富有能让你更加自信和自尊

自信、自尊是人的美好品德。金钱不能决定人的自信、自尊，但金钱可以更有利于促进你这一美好品德的形成。"人穷志短"，这话确实有一定的道理。越是缺钱，越是感到生活的艰难和沉重，就越是会增加对自己生存能力和才干的怀疑，进而产生自卑、嫉妒、怨恨、仇视等阴暗心理。而缺钱难以维持生计，就不免经常向亲朋好友借贷，使你觉得颜面扫地。你要生存下去，就不得不四处寻求工作，甚至放下面子去屈就你很不愿意从事的职业，因为受到了越来越多的打击，自尊也就可能被逐渐抛到了你的脑后，你也就开始服从自己的现状了，不再去想自己的理想什么的了。这时候的人，容易自暴自弃，或者只是混日子。这就是没有钱带来的恶性效应，富有则足以让人树立自信、自尊，更会因有今日的成功而对自己充满信心、感到自豪，从而对未来始终保持着奋斗精神。

金钱的用途非常广泛，有钱能办、能做无数的事，这是毋庸置疑的。与其没有钱一事无成，不如赚钱再让其为自己所用。

当然金钱也是一把双刃剑，它并不与人们的幸福发生必然的联系。它只有用在正途上才有积极的意义，才能够给人们带来真正的快乐和幸福，带来事业、家庭、健康上的安全，带来心态上的平和、精神上的愉悦以及生活上的乐趣。

但是一个人如果没有大量的钱财，他就不可能去追求自己的理想，他就不可能在精神方面达到他发展的顶峰，因为精神方面的发展要求他必须做很多事，如果没有钱这些事他就无法完成。所以，去追求财富吧！

◆ 致富的因素

我们对金钱的态度决定了我们对金钱的理念。商业经济的典型表征是金钱。对金钱的渴望可以调动我们对其忠实的程度与欲念，从而促成整个经济的加速运转，打开财富的道路。如果我们在获得金钱的过程中感到害怕，那么财富会离开我们越来越远。

如果我们对已获取财富的过程心存恐惧，那么贫穷就会紧跟着我们。如果我们因为恐惧而对财富的追求止步不前，那么我们只会得到我们恐惧失败后而产生的那种结果——贫穷。

然而，我们必须知道：金钱并非是万能的，而素质却是解决一切问题的关键，劳动是因，财富是果，财富是劳动的产物。这正如一位富翁所说："人要追求财富，最安全的事情就是通过自己非常诚实的、朴实的劳动，来实现自己的愿望，财富便是其中之一。追求财富，追求高品位的生活，这对自己和家人的生活安全非常重要。

"要不断地付出。通过自己的付出去实现自己的理想，证明自己的才能和境界，证明自己与众不同，证明自己是受所有人欢迎的人，但前提是真正地创造财富，是实实在在地付出。

"要孜孜不倦地追求知识。当然，这里不是指那种很刻板的知识，是指对生活方式的认知以及生活的品位和感受，这是决定一个人是否幸福的重要方面。要在知识中找到美感，体会到享受。财富是安全，而真正的幸福靠知识。"

由此看来，财富似乎有着特殊的味道。在我们的生活中经常会引用人脉即财脉这样的属性来形容朋友与财富的关系。当我们帮助朋友，为他们服务，为他们谋利益，为他们做更多有益于他们自身的事情时，我们也不断扩展了我们的交友领域。成功的一条黄金定律就是服务于人，而这种服务必须是一种源自于本性的给予，它的背后是一颗诚实正直关爱他人的心。有所企图的帮助不能称之为真正意义上的服务。当心怀鬼胎的人使用有目的的手段与方法对人时，他们最终也必将遭受人际关系及事业上的全盘失败。

那么，一无所有的年轻人靠什么获得财富呢？

关于这个问题，马登有这样精彩的回答："年轻人面对的首要问题，不是抱怨自己一无所有，而是应该从思维、个性和品德等诸多方面锻造成功者应具备的基本素质。这些基本素质就是自身的内在资本。同时清醒地意识到诚实信用的可靠人品、勤奋的工作习惯、明智合理的做事方式，加上不断激发自己的潜力，是通向创富的最可靠路径。

我们知道生物存在的目的就是要成长，而且所有生命体都有权利获得成长机会。

于是我走近了一个名不见经传的人，我顺着他的足迹开始了漫长的财富探宝之路。只要你沿着这条路走下去，你将会发现一座巨大的金库，在金库大门的另一边是一种富裕、成功、安全的生活方式。金库里面有所有你想拥有的东西，但是怎么破解这座金库的密码呢？这就是本书的目的。

如果要致富，就需要和很多已经发财的人一样，需要具备一些素质。这些素质是坚忍不拔、永不退缩、永不放弃等。同时也还需要具备一些不同的素质，比如一些财富英雄们可以白手起家，也可以借鸡生蛋，还有他们对自身价值的定位等。这些都体现了他们人生价值的不同走向，有的虽然有了不少财富，然而瞬间却锒铛入狱！这不得不使我们深思，到底富豪们所具备的品质是什么呢？

在美国，百万富翁可以定义为拥有很多物质财富的人，更准确地说，是拥有可观的可保值或可生财的资产、股票、债券、私人企业、牧场、林地等。有专家曾对《福布斯》富豪榜上评出来的百万富翁进行研究，发现大部分百万富翁都有一些很相似的地方，他们大多数并不喜欢炫富，不一定穿金戴银、西装革履。归纳起来大致有以下七点：

第一点：身体力行俭、省、抠。

第二点：理财投资精、准、等。

第三点：买东西务必比、杀、狠。

第四点：育儿切忌宠、惯、给。

第五点：分配财产审、慎、早。

第六点：职业方向专、精、棒。

第七点：事业生涯创、闯、冲。

美国有很多富豪，对于他们来说，真正的快乐在于创造而非拥有财富。大多数百万富翁不是巨商富贾的后代，也不是因为中了头彩而一夜暴富。他们往往来自平凡朴素的家庭，成为百万富翁主要不是靠运气、遗产、高学历或高智商。他们之所以发财，靠的是知识、胆识、自知之明，依赖努力、毅力、规划及最重要的自制力。正如《福布斯》杂志规定的评估财富的标准："那种依靠自身才智及实力而非出身或其他外界因素赢得财富的个人。"

我们已经看到，财富已经成为这个时代的最强音符，财富的含义已经远远跨越了财富本身，已经不仅仅是美酒佳肴、豪华的汽车和别墅，它还带来了自由、别人的羡慕和尊敬。

◆ 因为付出，所以收获财富

在当今这个纷繁复杂的社会里，简单化是对心灵的一种净化，这经常表现在一种单纯的生活方式上——较简单的饮食、更有规律的日常作息、更聪明地利用时间、减轻物质上的混乱，减少无谓的参与——换言之，就是要让自己的心理保持一份清洁，如果心灵负荷过重，我们在创富的过程中，就会受到严重的打击。

有位亿万富翁在他创造财富的过程中作了一个错误的决定，这个决定让他蒙受了一笔巨大的损失。在这之后，他拒绝承认失误，拒绝接受不可避免的事实，结果，他失眠了好几夜，痛苦不堪，但问题一点儿也没解决。更严重的是，这件事还让他想起了很多以前细小的失败，他在灰心失望中折磨着自己。这种自虐的心理作用竟然保持了很长的一段时间，直到他向一位心理专定求救后，才彻底地从痛苦中解脱出来。

如果我们剖析一下那些著名的企业家或政治家，就会发现，他们大多都能接受那些不可避免的事实，让自己保持平和而开放的心灵，过一种无忧无虑的生活。否则，他们大部分人就会被巨大的压力压垮了。

当我们不再反抗那些不可避免的事实之后，我们就能节省下精力，去创造一个更加丰富的生活。既抗拒不可避免的事实，又去创造新的生活，谁都没有这样的情感和精力。你只能在两者中间选择其一：可以选择接受不可避免的错误和失败，并抛下它们往前走；也可以选择抗拒它们，变得更加苦恼。

如果我们不接受一些不可避免的挫折，而是去反抗它们的话，我们会得到什么样的结果呢？答案非常简单，它会产生一连串的焦虑、矛盾、痛苦、急躁、紧张等，我们会因此而使心理承受巨大的压力，在这种情况下，你就要给自己一个开放的心灵，因为只有开放的心灵才能自由自在，才会变得更加勇敢。

如果你的心灵过于封闭，不能接纳别人新的观点，你在完善整个创富心理的过程中，就等于给自己锁上了一扇门，从而禁锢了自己的心灵。

一百多年前，莱特兄弟尝试飞行时，受到旁人的嘲笑。到现在，如果有人预言人类将移民到月球上，很少有人会怀疑它的可行性。故步自封的人将会受到后世人的轻视。

封闭的心像一池死水，永远没有机会进步。只有拥有开放的心灵，才能充分利用成功的第一原则：一个人只要对自己的信念坚定不移，就没有做不到的事情。思想开明的人，在各行各业都能有杰出的表现，而故步自封的愚者仍然高声喊着："不可能！"你应该善于运用自己的能力。你是否常说"我会"及"我做得到"，或者只会说"没办法"，而此时别人已经做到了。

你必须对自己，对你的伙伴及造物者、对整个宇宙都有信心，只有如此，你才能拥有开放的心。

生活的真正意义在于你能够做自己想做的事，如果你总是被迫做自己不想做的事，而且永远不能做自己喜欢做的事，那你就不可能过上真正幸福的生活，也就不能创造你想要的财富。可以肯定，你可以做你想做的事，并且有能力做你想做的事，你的渴望就能说明你在这方面具有相应的才能或者潜质。因为心中的渴望就是你的潜力的体现。

如果你的内心始终怀有创富的意念，这就表明，你所具有的创富潜力就会爆发出来，你的创富技能就会不断地寻求表现，期望获得发展。如果你的内心有发明机械设备的渴望，这就表明，你具有的机械方面的技能在寻求表现，期望得到发展。

如果你对做某件事有着极强的欲望，你的内心就会不断地去接受新思想与新观念的洗礼和冲击。这就好像我们在战争影片中看到的一样，作战时常利用洗脑的方式，改造敌人的思想。彻底孤立一个人，切断书籍、报纸、收音机、电视等所有外界的资讯来源。在此种情况下，智慧因为缺乏营养而死亡，能使一个人的意志力迅速崩溃。

在这种情况下，你就要思考：你是否把自己的心灵关注在社会及文化的营地之外？你是否有意地阻碍自己所有的成功思想？若是如此，现在就是扫除偏见的时候。让智慧增长，打开你的心，让它自由。唯有如此，我们才会获得追求成功，追求财富的勇气，这本身就能证明你具有追求成功和财富的能力，不管是已经发展的还是没有发展的。你要做的是，发展那些没有发展的潜力，并且正确地运用它。

想象一下你有了一笔巨大的财富，想象一下你可以尽情享用大自然慷慨的施予，你会用它来干什么呢？

做一会儿白日梦。相信你现在就是应有尽有。练习成为头脑中的"富翁"。想象自己开着梦寐以求的豪华轿车，住在梦想中的豪华别墅，穿着考究，生活一片美好。想象你出手大方，金钱用之不竭。想象你随心所欲地生活着，并且让你的家人过着梦想中的生活。让这一切都历历在目。相信现在它们是真实的。相信不远的将来它们会实现。纵情地享受从中得到的愉悦和快乐吧。

这便是你梦想成真的第一步。你在头脑中先造一个模型，然后，如果你不让恐惧或担忧摧毁它的话，"宇宙力量"便会为你在现实生活中将这个模型真实再现出来。

有句话这样说："你要把向往的事物看成已经为你所有。要相信它们会在你需要的时候来到你的身边。然后让它们来吧。不要担心。不要想你缺少它们。要想到它们是你的，属于你，并且已为你所有。"

你要把金钱当作流过头脑这座磨坊的流水。你正在不断"磨出"世界需要的观念。你的想法、计划都是天地运行所必需的东西。金钱会提供力量，但它需要你。它需要你的观念来服务于世界。如果没有水电站，尼亚加拉大瀑布将一无用处。那瀑布需要水电站来利用它们的能源。同理，金钱也需要你的观念来转化成对世界有用的东西。

因此不要想你需要金钱，而是要认识到金钱需要的是你。没有用武之地，金钱只是一堆废纸。你的观念会为金钱实现价值而提供出路和途径。

积极构思你的观念，要相信钱总是在寻找这样的出路。当观念成熟时，金钱就会在你不知不觉时来到你的身边。唯一的前提是你要用恐惧和担心而阻塞了所有的渠道。

首先要有世界需要的东西，哪怕是踏实而获得的服务——然后打开你欲望的渠道，金钱就会源源不断地流向你。"首先要有好东西——然后再宣传！"

还要记住你的"好东西"越多，钱也会来得越多。钱到用时方有价值。

在报纸和杂志上，有无数反对富人的文章。广播里、电视上，有许多抨击富人的言论。

亨利·福特从来不会对金钱产生不满，对于亨利·福特来说，金钱的概念是——钱是有用处的东西——它能提供更多的工作机会，给越来越多的人的生活带去更多的舒适和享受。

那便是金钱向他滚滚而至的原因，那便是他从生活中得到如此多报偿的原因，而那便是你也能与"取之不尽的资源"取得联系的方式。要认识到你要寻找的不是金钱，而是为造福于世界而使用金钱的方法。要发现世界的需要！要带着问题去看事物——这怎样才能改进？这可以有什么新用途？然后着手满足那个需要，与此同时，你要绝对相信我们找到了方法，金钱便会向你滚滚而来，并通过你发挥价值。做好你的分内之事——这样你就可以放心地让"宇宙力量"提供途径和方法。

你要牢牢记住这个信念："凡你所欲，定能成功。"然后制定目标，并且让你的所作所为，你所有的工作、学习、关系都向着目标迈进。再引用伯顿·布雷利的诗：

如果你想得到什么

甘愿为之奋斗

甘愿为之日夜工作

甘愿为之寝食难安

如果这欲望

令你发狂

令你百思不厌

令其他事物都在你眼中黯然失色

如果生活中缺少它

而一片空虚

而你的梦想中全是它的身影

如果你乐意为它挥汗

焦虑，筹划

不畏惧上帝和任何他人

如果你去追求它

用上全部的力量，才干和睿智

满怀所有的希望，信念和执着

如果贫穷，饥饿，憔悴

疾病和痛苦

全都无法使你回头

如果你坚持不懈的包围它，缠扰它

你便能得到它

心怀财富、成功等这些想法的话，你很可能梦想成真；同样，如果无法摆脱贫穷、落魄这些念头，那么只会给你自己带来痛苦和失望。

也许你会觉得这有些痴人说梦，过于乐观、过于激进了。因为一直以来，现实都在告诉我们，这个世界上总会有一些人富裕，一些人贫穷、苦难和痛苦是命中注定的。然而，这套说法只会把我们引向绝望的深渊，对生活没有任何帮助。

　　仓促得来的财富或地位必定不能长久，因为那不是你辛苦得来的。有付出，才能有收获。想不劳而获的人往往会发现，回报法则是铁面无私的，付出和收获总是保持精确的平衡。

◆ 富有你的心灵

心灵的真正繁荣，是指具有一种富有的意识。这种意识，使我们与美好、富足相伴，使我们坚信精神财富能抵挡任何灾难，使我们对自己幸福的未来充满信心。

毕竟在我们追求财富的过程中，我们已经认识，追求更多财富并不是犯罪，更不应当受到指责。这只不过体现了人类对更完善的生命的渴望。追求财富是最能鼓舞人心的事。

正因为这种渴望是人最原始、最基础的本能，所以大家才会被满足自己这种渴望的人吸引。

上帝是慷慨的，他赋予我们足够的能力。他也是公平的，使每个人都能让自己变得富裕。这一点上，上帝从来不会限制你。

上帝还会批准我们的任何请求。让我们的愿望得以实现，是他的本职。

太阳总是倾尽所有地散发光芒，使万物吸收生长的力量，而不是散发微弱的光与热——这也是它的本性。蜡烛不会因为另一根蜡烛的燃烧，就收回自己的光明，那么，我们也不可能因为付出了友情或爱情就失去了这二者。

学会完全利用上天赐予的力量，是生命中最大的奥秘所在。如果你学会了这点，你的工作效率就会成倍提高，因为此时你进入了完全自由的生活状态。

当我们真正懂得无私，摒弃虚伪和自私的思想时，我们就会有真正美好的生活；那些思想上的垃圾会影响我们的眼光，致使我们对美好事物视若无睹。所以，只有思想纯洁的人，才能看见美好的东西。

当我们真心对待自己的兄弟姐妹，去除所有不忠诚时，我们就能感受美好，那些美好的事物也会主动找上门来。然而，依然有人因为自己的错误行业和不良思想，而离美好越来越远。

一旦我们做了不光彩的事情，我们的眼睛就被蒙上了一层无形的纱，使我们看不见美好。我们每做错一件事，就离崇高更远一步，获得美好的可能性就更小。

如果我们能时时保持胸怀宽广，不让那些看似残酷的事情伤害到自己的心灵，那么我们就会发现美好也在寻找我们。最终，我们会在一个时间点上相遇，所有的美好在那一刻真正绽放。约翰·伯勒斯曾在自己的小诗《等待》中这样写道：

我已经停止抱怨

——时间或命运

属于我的，终将到来

无论睡去还是醒着

无论黑夜还是白天

我苦苦追寻的朋友

他们也在切切等待

孤独不能为我带来美好

我将以快乐直面未来

我的心灵将回归

我的愿望必定实现

算是壕沟，甚至天堑

时间和空间

永远无法浇灭我内心的期待

◆ 追求心灵的富裕

如果我们想要获得物质上的富有，首先应该关注如何保持能够给我们带来理想结果的良好心态。拥有这种心态需要我们认识到精神实质，并领悟到我们与宇宙精神合一。这种领悟能够为我们带来可以使我们获得满足的一切，这是一种科学的、正确的思维方式。当我们成功地达到了这种精神状态，那么一切愿望的实现就如已经发生的事实一般，相对来说就会容易得多。当我们做到这些，就会发现"真理"使我们得以"自由"，使我们免于一切可能出现的不足和困境。

心灵的富裕来自于对事业孜孜不倦，他是一颗奋进的心。

和谐和幸福是一种精神状态，并不取决于物质的占有，一切要用心去营造，收获的结果取决于良好的心态。生活拮据、内心富有的人要比拥有财富、内心贫穷的人幸福得多。

道格拉斯·杰拉尔德说："贫穷是许多家庭最大的秘密，也是世界的一半人口向另一半人口极力保守的秘密。"

如果你有10英镑的积蓄，虽然看起来很少，但在你贫困的时候它却能起到很大的作用，甚至是一个人走向未来自立之路的通行证。

我们不应就金钱本身来估量金钱的价值，我们更不应鼓励任何一个阶级贪婪地积累财富。但我们不得不承认金钱是生活的手段，是舒适生活的前提，是坚持诚实与自立的条件。

英国有一句格言说得非常好："想要成功，必先求教于妻。"

男人的确掌握着缰绳，但通常都是女人告诉他们应该驶向何方。卢梭说："男人总是女人所造就的样子。"

帮助穷人的唯一奥秘在于使他们本身成为改善自身条件的人。

一些具有优秀的品质的人，都懂得如何正确使用金钱。谁想改变世界，谁就必须首先改变自己。节俭是精明的女儿、克制的姊妹和自由的母亲。挥霍财富的人很快就会破产。只有一分钱的胸怀，绝不可能得到二分钱的收获。要让一个债台高筑的人说真话，恐怕很难，因为谎言是躲在债务背后的幽灵。贫穷不仅剥夺一个人乐善好施的权利，而且使他在面对本可以通过种种德行来避免邪恶的诱惑时，变得无力抵抗。

因此我们可以得出这样的结论：对那些还在穷困中挣扎的穷困者来说，不管是个体还是一个群体，都没有被剥夺创富财富的机会。只要他们能够改变自己，他们就能过上一个充实富足的生活。他不会因为给自己改善一下生活而感到经济紧张，同样也不会因为老板剥削而拿很低的工资。作为一个群体来说，人们之所以还处于一个贫穷的境地，可以说完全是因为他们没有学好致富心理学的缘故。如果他们有一个良好的致富心态，他们就会发现不同的历史时期有不同的致富机会，因为社会是不断发展变化的，我们的需求也相应地不断变化。所谓机会改变命运，不同的机会将人们推向不同的地方。也许今天的机会是在农业上，明天就在工业、商业上了。总之机会属于那些顺应历史潮流的人，永远不属于那些逆流而上的人。

一个人不是因为富有而伟大，而是因为伟大而富有。那些收入较高的富翁们已经具备了获得财富和积累资本的能力，也基本上没有任何外在的因素能阻止他们去为自己创造财富。英国的塔尔弗尔德法官说："如果我被问到英国社会最缺少的东西是什么，我会说是阶级与阶级之间的融合，简单来说就是我们缺少同情。"同样地，我们创造财富的整个过程就是缺少融合。看看下面这个例子，我们就能明白这一点。

一个男人在酒馆里被人叫醒。

服务生对他说道："街道那头发生了火灾。"

那人说："烧到我家了？在快烧到我家之前，不要打扰我睡觉。"

一种相互间的普遍怀疑在增长，社会遭到了彻底的腐蚀和围攻。只有从光大基督教的博爱精神和真正的善行中，才能抑制这样的坏情况出现。这样社会的风气才能被净化。

心灵的富裕来自于对生活知足常乐的平常心，一个和睦的家庭，一个简单而温馨的小屋，平淡安乐地过着如水般的日子。

肉体使人存在，而精神使人永生，因此人的任何生命活动或内心憧憬都将通过精神得到满足。金钱与利益只能让我们满足于一时，只在环境的层面上对我们的生活有所影响。而当人的精神与身体力量合二为一，就可以带给我们很多。金钱的最终目的只是为了服务于人，当你能够以这种开阔的思想去看待财富时，你的思想与财富源头就会被开启。到时你就能体会到精神疗法的美妙了。

心灵的富裕来自于身体健康强壮和包含的精神。精神就像计算机二进制中的1，其余的均为0，只有1的存在这些0才富有意义，才能演绎出绚烂的人生。

富裕的心灵就像高山和大海，高山不语自巍峨，大海无言自广博。

◆ 对财富的欲望

"心想才能事成"，如果在"想法"之外还有明确的目标、恒心以及将这一想法转化成财富或其他物质需要的强烈愿望，那么你就会拥有无比强大的奋斗动力。

埃德温·巴恩斯在多年前就发现了敢想就能创富这条真理。这并不是空穴来风，而是从最初的一个强烈的欲望开始，到最终成为大发明家爱迪生的合伙人的过程中，一点一滴积累出来的经验。

巴恩斯的"欲望"，其主要特征是很明确的，他想和爱迪生共事，而不是为他工作。我们来看看他是如何将欲望变成现实的，这将有助于你更好地理解他的致富原则。

当这种欲望或者思想冲动第一次出现在他的脑海中时，他根本不具备实现这个欲望的条件，有两大难题摆在了他的面前：一是他不认识爱迪生，二是没有足够的钱乘火车去新泽西州奥兰治。在这种情况下，很多人会放弃这种不现实的欲望。但是他的欲望却越来越强烈，"流浪汉"来到爱迪生的实验室，要和这位发明家一起奋斗。

多年以后，爱迪生在谈到与巴恩斯的第一次见面时说："他在见到我之前，和一个普通的流浪汉没有什么两样，但是他的脸上透出一种神情，让人觉得他有一种追求目标的执着。根据多年与人交往的经验，我知道如果一个人真正想得到一件东西，就愿意用整个未来做赌注，那么他一定会得到。我给了他这个机会，因为我看出他已经下定决心，不达目标决不会放弃弃。事后证明，后来果然如此。"

他能在爱迪生的办公室开始自己创业，并不是靠英俊的外表，因为那恰恰是他的弱点，起关键作用的是他的意念。第一次会面时，巴恩斯并没有立即成为爱迪生的事业伙伴，他只是被留下，可以在爱迪生的办公室工作而已，而且薪水很低。几个月过去了，表面看来巴恩斯并没有朝心中确立的远大目标更进一步，但他的头脑中正在经历一个重大变化。他要做爱迪生的事业伙伴，而且这欲望正越来越强烈。

心理学家说得对："如果一个人真想做一件事，那他一定会做成。"巴恩斯已经准备去做爱迪生的事业伙伴，而且他已经下了坚定的决心。他没有对自己说："干这个能有什么出息？还不如换个推销员的工作。"他却这样对自己说："我到这儿来，就是要加入爱迪生的事业。我一定要实现这个愿望，即使让我用一生来追求我也愿意。"他是这样说的，同时也是这样做的。如果一个人确立了明确的目标，并且矢志不渝地去追求，那就会创造一个完全不同的人生。也许年轻的巴恩斯当时并没有意识到这一点，但是他那种坚定不移的决心和实现梦想的执着，注定会帮助他排除一切困难和阻碍。

机会一般会伪装起来，当机会真的来临时，它出现的形式是巴恩斯未曾想到的。机会的狡猾之处就在于它习惯于从后门溜进来，而且常常以"不幸"或"暂时的挫折"这样的假面目出现。也正因为如此，许多人才抓不住机会。

爱迪生当时刚刚完成了一项新发明的办公室设备——爱迪生口授机。他的推销人员对这种机器并没有热情，他们认为这机器不下大力气根本卖不出去。巴恩斯看到自己的机会来了。这个机会悄无声息、以一种样子奇怪的机器形式出现。除了巴恩斯和它的发明者之外，没有人对它感兴趣。巴恩斯知道自己能卖出爱迪生口授机，所以向爱迪生提出了自己的想法，他立刻得到了机会。他卖出了机器，实际上他做得非常成功，所以爱迪生和他签订了合同，让他在全美进行销售。通过与爱迪生的合作，巴恩斯发了财。不过他成功的意义还不仅仅于此，他的成功还向世人证明了，一个人只要有梦想就能成功。巴恩斯最初的梦想对他究竟值多少钱，我们不知道，也无法估算。也许他获得了两三百万美元的收益，但与他获得的知识和经验财富相比，金钱的数额有多大已经不重要了。这种知识和经验累积的财富就是，运用已知的原则，无形的意念能够带来丰厚的财富回报。

巴恩斯就是靠着自己的意念与伟大的爱迪生成了事业伙伴，并因此而发了财。他除了知道自己想得到什么和拥有不达目的不罢休的意志外，他是没有任何资本的。

要坚定地相信你能实现任何愿望。机会从来不缺。机会从来不是仅有一次。机会无限，而且永远都在。无论你想要什么，你都有机会去实现。伯顿·而雷利在他的关于"机会"一诗中美妙地表达了这一点：

最优美的诗句还未成行

最漂亮的房子还未规划

最高的山峰还未有人征服

最广的河流还未有人横渡

不要担心、忧虑、胆怯不安

机遇刚刚开始

最好的工作还未起步

最完美的事业尚待完工

有所求的意志走到哪都畅行无阻。

无论你的工作看似多么渺小，这都无关紧要。在宇宙力量那儿，它也许比你那在世人眼中身居高位的邻居的工作都更重要。好好地干——宇宙力量便会与你一道努力。

先哲曾说过："人被赋予了统治地球的权力。让我们按照自己的形象造人，让他们管理海里的鱼，管理天上的鸟和地上各样行动的活物。"

大多数人信服生存竞争、弱肉强食，认为这是商业活动中的基本原则，并以"竞争是商业的生命"这一信念为指导。当我们意识到自己属于某一整体时，就不再会恐惧和空虚，因为那时我们正站在宇宙财富的中心上。

上帝不会认可人类的失败和贫困，对他来说人类的生存力本应是成功和富裕的。

不少人的生活世界就像一片撒哈拉大沙漠，一片荒凉，只是偶尔会发现一点儿绿色和花朵，再幸运一些的话会发现水源或绿洲。也就是说，尽管生存状态整体欠佳，远远达不到理想的富足状态，但也会偶尔碰到好运气。

一个小男孩坐在钢琴前，努力想弹出和谐的旋律。但是，他无论如何也没有能力弹出好听的音乐，他因此而感到沮丧和气恼。旁听的人问他为什么要生气，他回答说："我感觉到音乐就在心里，但双手就是无法配合。"他"心中的音乐"蕴含了生命的一切可能性，反映出智慧的本体想要通过手去表达音乐的强烈欲望。

造物主就是那无形的智慧本体，希望借助人类体验与享受一切。他就像在说："我要用人类的双手建造宏伟的建筑，绘制出曼妙华丽的图画，弹出优美和谐的音乐。我要用人类的眼睛看到一切美好的事物，从人类口中说出伟大的真理，用人类的双脚行万里路，并吟唱出悦耳的歌曲……"

只要有可能造物主就会通过人类表达一切。他希望会弹奏曲子的人都拥有钢琴或其他乐器，并帮助他们将才能发挥到最佳；他希望每个有机会领悟真理的人，都能游历四方；他希望每个懂得欣赏的人，身边都充满美好的事物；他希望所有懂得品尝美食的人，都能吃得到山珍海味。

他希望一切都顺其所愿，因为是他在享受和体验这些，是他想宣传真理，想弹琴，想唱歌，想享受美好的事物，想丰衣足食。

使徒保罗说："因为你们立志行事，都是神在你们心里运行，要成就他的美意。"

因为你对财富的渴望，其实是智慧本体渴望通过你呈现自己，就像他希望通过那个弹琴的男孩呈现自己一样。所以，你不必担心自己要的太多。你的责任是集中力量呈现造物主想做的一切。

许多人不可能会取得大的成就，他们自己关闭了通向富足的大门，因为他们的内心充满对成就和财富的怀疑、担心和恐惧。一颗充满狭隘、萎靡、质疑和悲观之情的心灵，怎么可能营造出富足的人生？富足乃是富于活力的精神创造物。心中充满怀疑和担心，会削弱精神意志自身的能量，使身心沦陷在消极、悲观的精神状态中，这会将富足与繁荣都排除在自己的人生之外。这种消极的精神状态与富足毫无正面关系，所以也不可能将富足吸引到自己的生命中来。

人们当然不愿意远离机会、财产和富足，但却又一直对这些充满怀疑和胆怯，也没有勇于追求。而这一点恰恰使这种消极的情绪在潜移默化地使人们离成功越来越远，让人们丧失斗志而得过且过。正是对财富的怀疑和恐惧使你成了这么穷的人！

如果我们的精神状态不够稳健，在智力层面就很难做到把财富吸引到我们身边来。

如果我们不能跟上那个可以源源不断给我们年代能量的源头的步伐，人生就会变得多灾多难。记住，我们人生的局限存在于我们自身精神之内，因为宇宙对人类富足生活的供给是相当充足的。我们想要的东西不是太多，而是太少了，因为我们害怕自己的所求多于应得的。由于思想中缺乏争取精神，所以我们在富足的资源面前畏首畏尾，做一天和尚撞一天钟。富裕的泉水在我们的大门口汩汩流动，我们却只沾到几滴水珠；富裕的生活一直在那里等着我们去取，我们却忽视它的存在。没有哪个人天生注定是穷人。但我们对自己的轻视和不自信，使我们变成了穷人。最荒诞无稽的错误观念莫过于认为富裕是居高位、能力强、运气好的人才能享有的专利权。

只有想通了成功实现富足生活的道理，人们才可能有美好的前途；如果一个人以种种借口拒不愿意相信正确的道理，那么他的一生注定要充满坎坷了。

内心对富足的感情可以为我们带来一切，我认识一位女士总是对身边事物充满感恩，还特别善于发现高质量生活的价值，她从不怀疑自己有一天会过上富足的生活。在她看来事无大小，皆不普通，她连自己从事的最平凡的工作都认为充满了神圣的意义。她行事不骄不躁，不瞻前顾后。她爱每一个人，而人们也都爱她。她天性阳光快乐、与世无争，从不质疑造物主的无穷智慧和恩赐，与人相处其乐融融。她是真正富有的人，她还能把愉快和富足带给身边的人。

　　我们也知道世上还有这样一种人，无论他们有多少财富，都不可能成为精神富足的人。因为这些人天生刻薄、小气，内心充满贪婪和自私，这些品行会把甜蜜和温馨挤出他们的生活。

　　要想达到宝贵的境界，首先要有富足的思想。我们发现使身心满足并不一定非得借助外力时，发现可以滋润心灵的清泉源自我们内心时，我们就不会再感到匮乏。因为，现在我们懂得了如何去内心深处发掘那个取之不竭、用之不尽的宝藏。以前我们之所以会遇到困惑和困难，问题在于我们缺少富足的思想和富有积极创造力的内在心灵。

◆ 德行对创富的影响

在创富心理学中，我们非常强调德行对一个致富的重要性。这里所谓的德，就是指一个人的品性、德行。所谓的行，就是指一个人的行为、举止等对创富影响。

我们不难想象，一个品行不端、德行恶劣的人能结识并拥有真正的朋友，长久获得事业的成功。很难有人会和这样的人长期合作，因为这种人不是搞一锤子买卖，就是过河拆桥。在家庭中，这种人也会做出一些不道德的事情，极有可能给家人和孩子带来痛苦。他们甚至还可能因为某种利益的驱使，铤而走险而落入法网……

要走向成功，需要以德立身，这是一个成功者必须确立的内在标准，没有这个内在的标准，你就会失去支撑，最终导致失败。

但必须注意的是，以德立身是以自律为前提，一味讲"哥们儿义气"并不在以德立身之列。俗话说："近朱者赤，近墨者黑。"在社会上，缺德之友最终会成为自己成功路上的定时炸弹。

其实，以德立身贯穿于一个人的人生全过程。在人生的不同阶段，道德对于人的要求虽有着不同的变化，每个人体验和经历的内容也不一样，但是，"以德立身"的人生支柱是不变的，它对每个人的人生大厦起着支撑作用的定律是永远不变的。

富兰克林是美国资产阶级革命时期民主主义者、著名的科学家，一生受到人们的爱戴和尊敬。但是，富兰克林早年的性格非常乖戾，难以与人合作，做事常常碰壁。

为了改变自己，富兰克林在失败中总结经验，他为自己制定了13条行为规范，并严格地执行。他很快为自己铺就了一条通向成功的道路。

这13条行为规范如下：

1. 节制：食不过饱，饮不过量，不因为酗酒而误事。

2. 缄默：不利于别人的话不说，不利于自己的话不讲，避免浪费时间于一些琐碎闲谈之中。

3. 秩序：把日常用品都整理得井井有条，把每天需要做的事排出时间表，办公桌上永远都是井然有序。

4. 决断：必须履行你要做的事，必须准确无误地履行你所下定的决心，无论遇到什么情况都不改变计划。

5. 节约：除非是对别人或是对自己有什么特殊的好处，否则不要乱花钱，不要养成浪费的习惯。

6. 勤奋：不要浪费时间，永远做那些有意义的事情，拒绝去做那些没有意义的事情，对于自己的人生目标永远持之以恒。

7. 真诚：不虚伪不欺诈，做事要以诚挚、正义为出发点，如果你要发表意见，必须有根有据。

8. 正义：不伤害或者忽略别人。

9. 平和：避免极端的态度，克制对别人的怨恨情绪，尤其要克制自己的冲动。

10. 整洁：保持身体、衣服或住宅的清洁。

11. 镇静：遇事不慌乱，不管是一些琐碎小事还是不可避免的偶发事件。

12. 寡欲：要清心寡欲，除非是有益于身体健康或者是为了传宗接代，否则尽量少行房事。绝不做干扰自己或别人安静生活的事，或有损于自己和别人名誉的事情。

13. 谦逊：要抵挡得住享乐的诱惑，要抵挡得住金钱的勾引，不要有非分之想，就不可能有任何诱惑和利益使你去做你明明知道是邪恶的事情。

如果你这样做了，你将会终生快乐。道德是铺就成功之路的基石，按照富兰克林的办法，你不妨试试。

第二章
关于创富

　　财富没有公平合理地分配给社会成员时，丰富与否并不显得多么重要。

——巴列维

◆ 财富无处不在

我们知道一切财富都是力量的产物。只有当财富能够赋予你力量的时候，拥有的财富才有价值。一切事物都代表着某种形态、某种程度的力量，只有当事物能作用于力量的时候，它们才有意义。

财富无处不在，在任何地方都能看到它。

大自然是慷慨的，给予了人类数不清的植物和动物，以及它们的创造与再创造，所有这一切都显示出人类的生存环境的舒适。

成功与富裕是每个人与生俱来的权利，在你的一生中，你会获得很多个富有的机会，多到你无法想象。你值得拥有你想要的一切美好事物，而这个世界也会把它们给你，但是你必须把它们召唤出来。你已拥有这把钥匙，它就是你的"思想"和"感觉"，而且它是一直掌握在你自己手中。

判断一个人成功与否，不能只用财富作为衡量的标准。决定一个人是否真正成功，要看其是否有比积聚财富更高的理想。理想要比任何财富都更具价值。因为创造力来自于心灵的能量，每个大公司和团体，都是依靠这种能量获得了最终的成功。成功的商人往往都是理想主义者，他们运用精神能量的理想化、视觉化来集中意念，将一点一滴的思想转化为日常生活中的实际。他们每实现一个目标，就会给自己设定更高的目标，就这样不断地朝着自己伟大的理想迈进，直到成功地实现自己的理想。这个时候的思想就像我们童年时玩的橡皮泥，它极具可塑性，我们可以用它来构筑生命成长的蓝图。不管你想要做成什么事情，对这件事情的认识和恰当运用都是必要条件。因为毕竟思想先于行动产生，并指导着行动，假如不经过思考而只知道鲁莽行事，肯定要栽大跟头。要相信任何情形都有它产生的原因，任何经历也都不过是这种原因的结果。世间万物因果循环，正因为这样，社会才能沿着正确的轨道前行。

如果我们想取得成功，首先就要有一个让自己为之奋斗的理想，这就好比走路，只有确定了目的地才知道该朝哪个方向走。所以，只有心中产生一个这样的理想，才能找到实理想的方向和途径。需要注意的是，在前进的途中，你可能会迷失方向，也可能因为路途曲折而选择退缩。

普仁提斯·马福尔德曾说："成功的人也是那些有着最高的精神领悟的人，一切巨大的财富都来源于这种超然而又真实的精神能量。"不幸的是有很多人认识不到这种能量，由于他们没有一个具体的、固定的目标，所以就算想做一份事业，他们也不知道把力量用在什么地方。

◆ 财富是人生价值的体现

财富是我们人生价值的一种体现，是我们人生路上的期盼。

财富是一种媒介，它使我们在实现理想的过程中，能够发现自己所作出的贡献是能用数字来衡量的。那些拥有财富的人，其价值不仅在于享受小小的快乐，也不仅仅在于财富能够买来很多物品，其真正价值体现在它的交换价值中。如果不进行交换，财富就没有什么价值可言，它是一种手段而不是目的。永远不能将财富看做是一个终点，而应该把它看成是一条通往终点的路，财富是我们的仆人，而不能将其看成是主人。那种让财富成主宰自己的人，最终会被财富所拖累，凄惨艰难地过一生。

《圣经》中曾记载过这样一则故事：

一位主人将要国外去旅行，临走之前他将仆人们叫到一起，把财产委托给他们保管。

主人给了第一个仆人五个塔伦特（古罗马货币单位），给第二个仆人两个塔伦特，给第三个仆人一个塔伦特。

拿到五个塔伦特的仆人把它用于经商，并且赚到了五个塔伦特；拿到两个塔伦特的仆人也做了小生意，赚到了两个塔伦特；拿到一个塔伦特的仆人，却把主人的钱埋到了土里。

过了很长一段时间，主人回来了。

拿到五个塔伦特的仆人带着赚来的五个塔伦特来到主人面前，说道："主人，你交给我五个塔伦特，这段时间我又赚了五个。"

"做得好！你是一个对很多事情充满自信的人，我会让你管理更多的事情。现在就去享受你的土地吧！"

拿到两个塔伦特的仆人，带着赚来两个塔伦特来了。他对主人说："主人，你交给我两个塔伦特，我又赚了两个。"

主人说："做得好！你是一个对一些事情充满自信的人，我会让你掌管很多事情。现在就去享受你的土地吧！"

最后，拿到一个塔伦特的仆人来了，他说："主人，我知道你想成为一个强人，收获没有播种的土地，收割没有撒种的土地。我很害怕，于是把钱埋在了地下。看，就在那儿埋着呢！"

主人斥责他说："又懒又不自信的人，你既然知道我想收获没有播种的土地，收割没有撒种的土地，那么你就应该想办法让钱生钱，让我回来时能连本带利地还给我。"

然后他转身对其他仆人说："夺下他的一个塔伦特，交给那个赚了五个塔伦特的人。"

"可是他已经拥有十个塔伦特了。"

"凡是有的，还要给他，使他富足；但凡没有的，连他有的也要把他夺过来。"

这个故事出自《新约·马太福音》，它的寓意是贫者越贫，富者越富。后来人们把这种现象称为马太效应。任何个体、群体或地区，一旦在某一方面（如金钱、名誉、地位等）获得成功和进步，那么就会产生相应的良性循环，就有更多机会取得更大的成功和进步。

"马太效应"简单地说就是"穷者越穷，富者越富"。它说明在某种程度上世界变得简单化了：你不能有一席之地，就意味着你一败涂地。胜利者将享有很多资源，如金钱、荣誉以及更多的成功。它还意味着赢家只能是少数人，在这样的时代你不能赢就意味着平凡到老。

成功与失败也有两极分化的马太效应，成功会使你越自信，越能成功；而失败会使人越失败，离成功越来越远。尽管我们在现实生活中对"富人"和"穷人"的差距都有切实的感受，可是下面的数字还是可能令你吃惊不已的。

最近的数据表明全球性的贫富差距还在不断加大，在财富上国与国的不平等，一国之内人与人不平等，而且这种现象越来越严重了。

为什么在人们的思想观念发生转变，特别是在"平等、自由、博爱"等观念已被举世公认的今天，这一"不平等"的现象反而更加严重了呢？因为过去人们的竞争都是局限在一定范围内，如一个地区、一个国家之中。竞争场所多数相互隔绝，这样可以同时并存很多个"赢家"。而如今日新月异的科学技术已经把整个世界紧密地联系在一起，原有的隔绝被打破了，世界成为唯一的竞技场，其结果就是赢家少，而赢得东西却越来越多。

"赢家通吃"意味着具有某种优势的人或组织以自身的优势资源为依靠，击败处于劣势的对手，从而赢得更多，甚至在某一行业或领域处于垄断的地位。这是一个类似于"滚雪球"式的发展过程：你赢了一次，就会比在同一起跑线上的人强大，这就意味着你有可能继续赢下去，并且不断发展和壮大。不管是对于企业和团体来说，还是对于个人来说，"马太效应"的现象都非常常见。

朋友多的人会借助频繁的交往结交更多的朋友，而缺少朋友的人则只能一直孤僻；名声在外的人会有更多展示自己的机会，传媒和商家也更愿意去采访、报道或邀请他做宣传，当然他的名气也会因此而越来越大。

不管在什么领域，顶尖人物都享受着更好的待遇，这种现象最能说明"马太效应"。这也就是白领职工和普通打工者的待遇差距之大的原因，因为白领职工有一技在身，能够为公司创造利益，而且很多白领是不可或缺的。普通的员工虽然也在为公司创造价值，却并非不可或缺。老板随时都能找到人来替换普通员工。

所以，同一行业中存在收入差距极大的现象就不足为奇了。名气大的演员，自然有导演或制作人找上门来，而且收入也高；而名气较小的演员，则只能跑龙套，想演戏是很困难的，更别提报酬了，所以很多演员通过"非常规"的方式接戏，而且很多一直接不到戏的演员不得不跳槽，脱离这一行业。职业运动也是如此，最有名的篮球、棒球或足球明星球员签一个合同动辄上千万美元，而一些板凳球员则只有区区的几十万。

在创造财富上也是这样：越是没钱的穷人资源越少，挣钱的途径和本钱也就更小，而越是这样越是挣不到钱；而富人的钱却越挣越多，他们的资源多、财富多，因而越来越富。

"马太效应"给人们揭示了一个"不断增长的个人和企业的需求原理"，因此它是影响个人事业成功和企业发展的一个十分重要的法则。

◆ 你的财富在哪里

几乎每个人都渴望得到金钱、权力、健康和富足，但却很少有人弄清因果循环的道理。种"善因"才能结"善果"，天下没有免费的午餐。有太多的人无比积极地去追逐健康、力量或其他外部条件，但并非每个人都能追求得到，这是因为他们只做表面工作。相反地只有那些不把目光专注于外部世界的人，一心一意寻求真理和智慧的人，才会得到这个社会的慷慨回报，而财富的大门也会随之为他们打开。认识到自己创造理想的神奇力量，而这些理想终将投射在客观世界的结果中。在他们的想法和目标中，智慧美妙惊人地绽放出来，进而创造出他们渴望的令他们惊喜的良好境遇，实现他们梦寐以求的绚烂多姿的理想。

和一个刚刚开始换牙的孩子一样，我们总是充满好奇地用稚嫩的手去摇动松动的牙齿，总是情不自禁地用舌头去舔刚长出的新牙。在这种情况下，牙齿经常会长得畸形变样，而我们的精神也是这样。我们急切地想做一些事情，需要得到外界的帮助。我们如果沉陷于深深的忧虑不安之中无法自拔，表现出来的也是深深的忧虑、恐惧或是悲愁。而这正是很多人在自己的精神世界中进行把自己带向软弱、负面的意识活动。

胸怀勇气和力量的人，必将在引力法则强大而正确的指导下获得自己的渴望；而有恐惧想法的人，引力法则必将确定无疑地牵制他们，让他们陷入穷困潦倒的境地。因此，所有的关键都在于你，关键在于你是怎么想和怎么做的。

思想是巨大能量的源泉，它产生的动力足以极大快速地推动财富的车轮，我们在生活中遭遇的或沉或浮，或顺或逆的所有经历，都取决于此。思想的力量是获取知识的最强有力的手段。只要利用思想的力量，没有什么是超出人类理解力的。只要我们拥有一颗开放的心灵，懂得随机而动，就能做比以前更多更好的工作，新的胜利将不断出现。

当蒸汽机、动力织布机以及其他每一次技术进步和改良措施被提出来的时候，都曾遭遇过强烈的反对，不过这并不影响它们走进我们的生活。不要永远只是被引导，要勇于担当引导者。自己是能够坚持自我，还是像大多数人一样随波逐流？自我与形体是否同在？这是一个你每天都要问自己的问题，并且要在内心深处寻找真实的回答。

只有真的想创富而且对财富的渴望强烈到足以指导思想，让思想的方向与目标一致，就可以遵照本书所述的原则行事。这里提供的创富法则仅适用那些对财富的渴望强烈到足以克服内心好逸恶劳的惰性，并能坚持不懈的人。

最近有一个人来找我，他非常想找到一份工作。

我说："耶稣是一个伟大的精神治疗专家，他要求我们学会赞美和感谢，不要太专注于自己的强烈愿望了，奉行神的旨意，去赞美和感谢吧！"

赞美和感谢会打开一扇门，期望也总能实现。

当然有的伪君子不知诚信，他们渴望财富也会变得富有，但他们的财富很快就会消散，而且他们也不会真正的快乐。正如莎士比亚说的那样，"不义之财短且浅。"

违反规则的人总是寸步难行。很多人得到了财富，但无法守住。他们的思想会改变，恐惧和担心使这些人失去财富。

有位朋友在课堂上讲了下面的故事：

一个贫穷的小镇里，突然出现了石油，小镇上的人都变富裕了。不少人发财之后加入了乡村俱乐部，去打高尔夫球。有个人年龄偏大，这项行动对他来说太过剧烈，不久他就死在了高尔夫球场。他的死给整个家庭带来了恐惧，家人害怕自己也有心脏病，所以整天躺在床上，接受专业的护士照顾。

人们被一般思维束缚着，总是会担心某些问题。现在他们担心的问题不再是钱，而是健康。

老人们认为，一个人不可能拥有一切事物，你必然会得此失彼。所以人们总是说："太完美了，这不可能是真的。"

在世人的思想中苦难无处不在。耶稣说："如果你积极乐观，你就会超越这一切。"

所想之物的样子越清晰，你想它的遍数就越多，对其细节把握也就越到位，你对它的渴望也就越强烈；而越渴望，你的思想就越容易做到集中。当然只是明确它的样子还不够，只是这样你最多算个梦想家，但并不具备实现目标的能力。

在明确的愿望背后，还要有实现愿望的目标以及让梦想变成现实的决心。在目标背后，还要有坚定的信念。这样你就才真正拥有它，你在精神国度要做的就是享受想要的一切。

要想创富你必须先对所求之物有个清晰而明确的概念，如果没有想法也就没办法向智慧本体传达。在传达想法之前，你必须先有想法。很多人之所以与本体交流失败,就是因为自己对想做的事、想要的东西以及想成为什么人,都是只有模糊的概念。

　　只是想各地走走,增长见识,让生活更充实是不够的,因为这也是大家的愿望。只是希望拥有财富去做事是不够的,因为所有人都是这么想的。给朋友发信息时,你不可能只发送只言片语,就想让对方明白全部内容,也不可能随便从字典里挑出一些字让对方猜到你的意思。你要做的,肯定是发送能够清楚表达意思的完整句子。同样地,向智慧本体传达信息时,你必须通过完整的陈述让它了解你的需要,但首先你必须明确自己想要什么。

◆ 执着的财富梦

一个人不但要自己生存，同时也要帮助别人生存，这才是人生的真正意义，也是实现自己价值最好的方法。如果你这样做了，你一定会取得成功。

也许，你会有这样的疑问：如果我已背负重债，不论白天或晚上，都有人登门讨账。那么，我如何才能让自己拥有很多财富或其他好的东西呢？

如果你总是想着自己欠下的大笔债务，并在行事时受到影响，那么，要让高级自我确信你已经拥有了很多财富或其他好的东西，你肯定办不到。但是，这里有这样一个心理事实：你以肯定的语气提起任何事情，那高级自我就会接受你提及的事情，将它当作一个事实。一旦它被当作事实后，高级自我就会竭尽所能，让其成为现实。

肯定语气的全部目的在于，让你期望的一切被高级自我认定为事实，随后自身意愿就会将其实现。这是一种自动建议。你应该不断声称自己是一位富人，并拥有了所期望的一切，直到这种感觉被你的高级自我接受，并将其化为物质世界的现实。

你欠了些钱？不要再整天忧虑不安了。过度的担忧只会浪费你宝贵的精力。多想想愉快的事情，这对于消除恐惧有帮助。当你拉亮灯时，黑暗就自然被驱散了。无须去清除屋里的黑暗，你应该做的就是点亮一盏灯，黑暗就会自动退缩。你欠了债，或者非常贫穷，完全不必为此担忧。你应该做的就是集中思想和信念，关注你所祈求的富裕，并让它为你偿债，将你从贫穷中解救出来。

即使你不能尽快树起这样的信念，你也不要气馁。一般人都无法在很短的时间内做到的。科奇曾十分肯定地说："每天，人们都在以各种不同的方式发财致富。"在最初，你可以将这句话用来勉励自己，在这种勉励下，你的高级自我就会将你所想的当作事实。然后，随着你的信念越来越坚定，你就可以对自己想要的一切提出要求了。对自己肯定地说，你已经拥有它了，而且你的行事就像确实拥有了一样。

心中不停地默念：每天都是黄道吉日，每天都是一年中最好的一天。现在，此刻，如今……就是自己获得拯救的时候。然后，为你一直祈求的好运向上帝致谢。真诚地表达你的谢意，相信自己已经如愿以偿！

牢记这句话：如果你不违背上帝的意志，那么它就总会发挥作用。因此，你要虔敬地祈祷，让上帝为你的生活赐福。不要与境况正面冲突，也不要诅咒前行路上的障碍，上帝存在于它们之中，你应该感谢它们。如果你和它们化敌为友，让其同你一起奔向美好的前程，那么它们就会温顺无比。不要异想天开地期盼奇迹降临，就算天使，也不会骤然而至，帮你扫清前行路上的障碍。上帝就在普通人、普通事上发挥作用，你要相信这一点，美好愿望就会因此成为现实！

因此，你应该对一切心怀感激，你应当为它们服务，就像上帝为你服务那样。履行好上帝赋予你的使命，做好每一件应该做的事，仿佛自己就是最伟大的天才。每天坚持说这句话："每天，人们都在以各种不同的方式发财致富。"每天对自己提及你所期望的美好未来。

如果，你能够真诚地祈祷他人幸福，那么你最终得到的将远远超过为自己一人祈祷的收益。你需要明白，如果自己没有某些东西，那么你就无法给予他人这类东西。如果你希望他人遭受灾祸，那么自己肯定就会先遭受灾祸；如果你想带给他人美好，那么美好就必然先降于你身。

杰布的故事更能让你明白这一点。杰布对积累起来的财富患得患失，整日不停地哀悼和祈求，然而一切都无济于事，他失去了一切财富，成天陷于苦恼中。并且，他的朋友们也遭遇了不幸。在走投无路时，杰布意识到了自己的错误，他开始同情他的那些朋友，祈求上帝为朋友们带来好运。后来的结果我们可以想到了：杰布和他的朋友们都过回了幸福的生活。古书记载："当杰布为朋友祈祷时，上帝增益了他的能量，并赐予他巨大的财富！"

在我们的生活当中，总是有一些人仿佛与钱有仇，一提到某某有钱就说人家是"满身铜臭"，或者是"庸俗的暴发户"。自己乐意守着贫穷和饥饿艰难度日，不肯下点功夫付出劳动去赚钱，还美其名曰：崇尚简单生活，不为五斗米折腰。

实际上这种人无论怎样标榜自己，私下里都不得不承认这样一个事实：没有经济上的富足，就无法享有真正的幸福生活。

一位财富英雄说过这样一句话："用自己的血肉和灵魂，筑起自己前进路上的一块块里程碑。"血肉筑丰碑！令人心惊肉跳的坚强，那么说这句话的人到底给我们带来了什么样的财富之路呢？

惠普公司前董事长兼CEO卡莉·费奥利娜两次被《福布斯》杂志评为美国经济界最有权力的女性，她曾归纳出个人成长和事业成功的七大法则，其中之一就是："套用丘吉尔的话'千万千万别放弃'，多数的胜利都发生在你快要放弃时。"

快乐是一种生活方式，而且还是容易让人沉迷的生活方式。但是有些人因为快乐的生活而迷失了自己对财富的追求。"呀！这个易拉罐可以卖五分钱！""我挖了一些野菜！"——这是一种让人沉沦的邪恶思想，使人忘记对财富的追求，对事业的追求。

生活虽然曲折，但是要不断快乐地向前，现实和文学作品中，很多人身处险境而不畏缩，经历重大挫折之后还能够站起来，在困境之中仍要拼死一搏，面对威胁还能不改其志。因为，他们执着于自己的事业！

成功需要执着精神是很多人都赞成的观点，人们相信执着精神成就了很多艺术家、科学家、医学家……人们相信他们面对各种磨难都不会放弃真理和理想，因为他们热爱他们的事业。

富豪们为什么要执着呢？赚钱能称为事业吗？在中国的传统道德体系，儒家思想根深蒂固，"重义轻利""君子不言利"影响了很多士大夫，所以古代重农轻商。而这些观念现在仍然有人继承了下来。

刘永好说："现在对我而言，再多一个亿和多几百块钱没什么区别，因为当足够满足自己生活所需后，钱已经不是你追求的最终目标。支撑一个人不断前进的是不断地追求和奋斗。"最初的致富梦想在财富帝国的版图不断扩张以后，致富和赚钱早已成为富豪们的事业，永不服输、永远奋斗的财富品质支撑着他们继续前进。

从某种意义上讲，只要我们把握好贫穷给予的力量和财富，成功和财富仍然属于我们。看完下面这个故事，你就明白了。

在埃塞俄比亚阿鲁西高原上的一个小村庄里，有一个小男孩每天腋下夹着课本，赤着脚上学和回家。他家离学校足足有10公里远的路程，贫穷的家境使小男孩不可能骑自行车上学，更别提坐轿车了，为了上课不迟到，他只能跑步上学。每天小男孩都一路奔跑，与他相伴的除了晨露和晚霞，还有迎面吹来的风。

若干年后，这个曾经夹着课本跑步上学的小男孩，在世界长跑比赛中先后15次打破世界纪录，成为当时世界上最优秀的长跑运动员，他就是海尔·格布雷西拉西耶。由于青少年时期经常夹着书本跑步，以至他在后来的比赛中一只胳膊总要比另一只抬得要稍高一些，而且更贴近于身体——依然保留着少年时夹着课本跑步的姿势。

如果不是贫穷也成就不了今天的世界冠军。当海尔·格布雷西拉西耶回顾自己那段少年时光时，感慨地说道："我要感谢贫穷。其他孩子的父亲有车，可以接送他们去学校，没有车的家里也有自行车。而我家因为贫穷，没有任何代步工具，只能跑步上学。但我喜欢跑步的感觉，那是种幸福。"

我们谁都不希望贫穷，都希望过上幸福的生活，可当我们别无选择地遭遇贫穷时，要学会把握贫穷给予我们的力量，就像格布雷西拉西耶，因为别无选择而跑步上学。最后，把跑步这一运动做到了世界最好。

很多中国的民营企业家有了致富的欲望，而且这促使他们开始了创富，而在历经磨难之后所建立的"企业王国"，对中国经济的发展是意义深刻的。一份统计数据显示，目前民营经济对中国GDP增长的贡献已经超过一半。诸多经济学家认为，民营企业良好的机制、灵活的管理正在使民营经济成为中国经济中最有活力的一部分。

走近富豪，我们相信执着精神是他们身上共有的、极为重要的财富品质。

那执着精神是什么？有两点不可或缺：一是有创业的梦想；一是永不放弃创业的梦想。

今天的苦难可能就是明日的辉煌，这句话说得很有道理。只要你愿意努力，总会有所收获。人生的机遇是通过自己的苦苦奋斗争得的。一个刚刚步入社会的人，大凡都需要从最简单的工作做起，甚至找不到工作做苦力也是一种选择。人就好像那成堆的湿煤，磨难就像是在煤球模子里的过程，通过煤球模子的挤压，才能成为煤球，才能给大家带来温暖。

◆ 不断给予，不断得到

无论我们得到什么，得到的是好是坏，我们都需要先为之付出。个人所得，来自于无私地为他人服务；个人所失，归咎于自私自利。

这和爱默生的看法是一致的："人生各部分保持着平衡，全靠一种完美的公平在调节。每种行为都会导致相应的后果。"伤害他人之举，只会让我们与上帝分开；帮助他人，就会使我们更接近上帝和美好。有些人可能会认为，他对别人欺诈，这只是他们二人之间的事。然而，殊不知，这种欺诈行为会动摇第三方对他的信任。他的形象会随之受到毁坏。那些行欺诈之举的人，在千方百计想得到主的帮助时，其实是在践踏公平，污蔑上苍。

事实上，"上帝会把本属于我的钱给我的。"这是人们最应该对自己说的话。他已经给了我足够多的金钱以维持我的行事需要。如果他还没给够你钱，那他一定是在准备支付余款。你需要得越多，他就会给予越多。因此，用不正当的手段，如坑蒙拐骗去赚取不义之财，这种念头根本不应该出现。上帝已经给我足够多了，我行事之时，他仿佛就在身边，一直资助着我。

相信上帝的人总是大多数。你与他在一起时，可以将他当成一个事业中的积极伙伴。敬仰上帝，为上帝提供服务，就像你感觉他会为你提供充满爱心的服务一样。随后，一切烦恼和忧愁会被抛开，你的事业将置于上帝的掌控之下。

当上古的猛兽停止进化、只知仰仗蛮力为非作歹时，它的灭亡之期就临近了。当昔日拥有辽阔的疆土的希腊、波斯、罗马帝国，故步自封后，历史的尘埃就开始向它们袭来了。如果今天的富人或一些大企业家，坐享其成，不再打算提供服务，他们便无法摆脱坐吃山空的命运。

你不能画地为牢，历史的浪潮中，永远都是不进则退！

每个人自身内都有一个上帝，一个寻求发展的上帝。你必须为他提供一个表现自我的渠道，而不能幽禁他，否则你就会成为他的弃儿。

有些人历经多年的艰苦，创造出了伟大的奇迹，然而他只是保留它，但从不利用它。这样的人在你眼中是怎样的？你难道不认为他很傻吗？要使奇迹得以保持，并衍生出新的奇迹，唯一的办法就是利用它们。有一件事人所共知：强健身体的唯一方法就是不断锻炼。只有通过不断锻炼，人才可以一直保持强健的身体。

在人生的各个方面，上面的道理同样适用。你无法一直占有所有好东西，你必须不断给予，这样才可以不断得到。别再把自己的种子捂在手心了，你要有所收获，就必须种下它。同样，你也不能一直把财富抓在手里，你得学会利用它们，那么，新的财富就会在不远处等着你。

还有一条罪过不可原谅，那就是阻碍进步，企图阻止人生的轮回。

先付出，才能得到；先播种，才能收获，这是必然之理。许多人本来具有才华，但却不知如何使用和发展才华。久而久之，他们便成了名副其实的平庸之辈。而那些叱咤风云的人物，总是乐于发掘和利用自己拥有的一切，所以，他们得到的比其他更多。

因此，当你具有某些禀赋时，千万不要隐藏和埋没它。你可能手头没几个子儿，但是你仍可用它为自己的发展开辟渠道。你需要牢记的是，绝对不要堵塞了这条渠道，任何情况下都不要。因为虽然这条道路貌似平常，但如果堵塞它，那么上帝无限丰厚的财富就无法流到你那儿了。

利用好你的发动机吧，实际上，你为他人提供服务就是靠你的这台发动机。你可以通过自己掌握的所有技能、具备的所有聪明才智，让这台发动机高速运转。随后，你不断地提供服务，财富也会源源不断地流向你。这意味着你得买些必需品，供家庭使用和事业发展。也意味着你应该去偿债，即使身无分文。不要执着于手里的一点钱，要懂得依仗它。就像前面提到的那样，像水泵抽水一样，把手中的那点儿钱当作引水，灌进去，创造出一个真空空间，那么，巨大财富海洋里的水就会源源不断地流出。那时，你会看到，无尽的财富正滚滚而至。

◆ 自我创富的人格体现

在创富心理学中，我们不断地强调，创富是一个物质和心智方面都超越现状，达到理想自我的过程。但在此过程中，不同个体又不可避免地以其独特个性表现出来，从而影响到参与社会生活的活动效率。

如果想拥有财富，你只需要认识到"我"是无所不在的，是与宇宙精神和谐一致的，那么你将学会运用吸引力法则，吸引一切创造财富的条件，并最终得到渴望已久的能力和财富。

如果我们认识到真理是无处不在的，是宇宙精神最重要的原则，那么我们就不会再犯相关的错误。比方说，如果想拥有健康的体魄，你需要认清一个事实，即内在的"我"是一个精神，从属于精神整体。凡有部分，必有整体。如此一来，你便能拥有健康，因为身体每个细胞都会体现你所看到的真理。如果你看到的是疾病，那么身体就会生病；如果你看到的是健康，那么身体也会保持健康。一旦坚信"我是完整的、完美的、强大的、有力的、有爱的、和谐的和幸福的"，你就能得到幸福。这是因为，这种信念与真理是一致的，所以当真理显现，一切混乱和错误都会消失。

认识真理，就是与无限而万能的力量协调一致，就是让自己与战无不胜的力量相连，以消除一切冲突、混乱、怀疑与谬误。记住，"真理是攻无不克、战无不胜的"。

只要用真理指导行动，即使是最没有智慧的人，也能得到想要的结果。相反，如果出发点是错误的，即便你再有智慧，还是会在前进道路上迷失方向。

所有无法与真理保持一致的行为，不管是无心的还是有意的，都会造成混乱和不幸，而最终损失取决于行动的程度和性质。

那么，我们应该如何认识真理，以保持与无限力量的和谐一致呢？

当你的意识逐渐接受了这个事实，当你真正开始认识到你（不是身体，而是指自我）、你内心的"我"、你的精神是整体的一部分，并在本质、种类和性质上与整体保持一致，那么你就可以说："我与天父合而为一。"你将领悟到一切美好、伟大以及先验的机遇都尽在你的掌握之中。

你已经知道，"我"是精神上的，那么"我"必然是绝对完美的。因此，"我是完整的、完美的、强大的、有力的、有爱的、和谐的和幸福的"这条宣言必定是绝对科学的陈述。

关于心智模式，心理学家认为这是根深蒂固于我们心中，影响我们如何了解这个世界，以及如何采取行动的许多假设、成见，甚至图像、印象。

我们通常不易察觉自己的心智模式，以及它对行为的影响。例如，对于常说笑的人，我们可能认为他乐观豁达；对于不修边幅的人，我们可能觉得他不在乎别人的想法。在创造财富的许多决策模式中，决定什么可以为我们创造财富，什么不可以为我们创造财富，也常是一种根深蒂固的心智模式。如果你无法掌握创造财富的心智，就无法释放自己的潜能，这很可能是因为它们与我们心中隐藏的、强而有力的心智模式相抵触。

从心智的角度来看，正确的意志力是心智的统帅。在集中注意力时，思想就会将它的能量集中在三个物体或者一组物体上。意志力的强弱其实就体现在"注意力"的强弱上，或者是说意志力的强弱表现在思考过程中，表现在人对动机、事实、原则、手段的把握中，以及关系到检查行为目标时，人的自我控制能力的大小上。

在长时间的复杂思考中，意志力往往会表现出最有力量的一面。在这种思考中，思想必须要深入到某一个问题的深处，努力洞悉其最微小的细节，最终完成对高度复杂的发展趋势的探究。同时还要以极大的精力关注种种的真相、事实以及它们之间的相互关系等，并且要不知厌倦、坚持不懈地对它们进行比较、联合、分割、提炼。

强有力的意志是身体的主人，它总是借助于各种欲望或理念来指挥着我们的身躯。意志力对于躯体的支配作用常常可以在身体的控制行为中发现。有些人依赖于强大的意志力形成了良好的行为习惯，这就是意志力对人体支配的作用的证据。尽管对一些人来说，某一种习惯可能已经成为自然而然的行为了，但这常常是意志力持久地发挥作用的结果；而且意志力还很有可能在引导着这种行为，使其不断地强化一个人的习惯——尽管人们很多时候意识不到这一点。

人的思想，可以唤醒一定程度的意志力。要知道，思想存在于万物之中，一个人偶然地获取了它，然后又通过它创造财富从而造福于民。因此说思想是人类的福泽。它可以丰富我们的生活，改善我们的生存条件。这好像是上帝为我们安排好了一切，然后希望我们去演奏音乐，希望我们能将思想贯穿于一切，然后促使我们去不断地创造财富。

尽管有时候我们觉得这一希望离我们很遥远，但是，当一个人洞悉了真理之后，将会尽可能地拥有世上的事物，最大限度地丰富自己的生活。但是，任何时候我们都不要忘记通过思想，用巨大的力量将意志力贯彻到某一具体的行为中。毕竟意志还可以通过压抑自我的行为来创造奇迹。

这就是说，在我们的创富过程中，一旦我们确定目标，就一定要全力以赴，必须要用观察力来考察，用分析能力和想象力来预测将来的可能性，用判断力来决断，用行动来收集决策需要的材料，用自我克制和坚韧来把自己已经确定的目标完成。

意志是不能够帮助我们远离这种境地的，"自由意志"带给我们的危险，远非个人意志力可以强制地控制或是改变的。那种寄希望于个人意志使宇宙力量依存我们的想法，是一种对事实的歪曲。这是因为它与宇宙精神背道而驰，更是因为创造力的基本原理普遍存在。侥幸只是一时的，而自食其果却是在劫难逃的。

假如你希望强大而不可抗拒的宇宙力量能够帮助你，那么你就不要妄图通过主观意志去操控它。只有真诚地去顺应它，与它达成实质上的和谐一致，你才有机会被赋予能量，才能获得与其协调一致地去创造、去为自身理想工作的机会，才能在最大程度上激发出你内在的潜能，从而创造出属于你的奇迹。

意志的磨炼或力量的获得，在每件事上都可以得到启示。在意志力的作用下，我们能够把特殊的事件推广到普遍，把事情的复杂内容简化，使它直观明了，使所有的实际情况符合自己的个性特征，行动的时候就可以轻松自如、从容不迫。

总之，一个有修炼和提升自己意志力的人，将获得无比巨大的力量，这种力量不仅能够完全地控制一个人的精神世界，而且能够让人的心智达到前所未有的高度。此时，一个人从未设想能拥有的智能、天赋或能力都变成了现实。所有那些人们长久以来都无法看见的东西其实就存在于人的自身，而这把能够开启人的洞察力和征服威力的神奇钥匙就是意志力。

◆ 创富金钱观的思索

金钱可以做坏事，也可以做好事，关键在于用之有道，金钱除了满足基本生活花费外，还可以用于慈善事业。

无论是国家、企业或是个人，其相应的GDP、利润或财产不仅要给予，而且要把给予放在首位，只有宏观微观都适应，你才能适应社会的发展，并创造更大的财富，甚至是濒临倒闭时，也能起死回生。

这不是危言耸听，为什么亨利·福特在经历了几次失败后，仍然成了腾飞的汽车工业的偶像？福特"装配线"的想法从何而来？他是怎么认识到的？就是因为他从给予的想法获得利润并将数亿美元捐赠给那些需要帮助的人们了。

将汽油用作能源的创意从何而来？洛克菲勒是怎么想到的？是因为他知道，每个人都是一个完美的思想实体，但这种完美要求我们先给予后索取。如果我们违反了这一准则，不愿将自己多余之物施与他们，或者是拒绝承认我们自己需要的是什么，就会面临一些困难、混乱、障碍。一切伟大而永恒的法则，其设计的目的都是为了我们的利益，最终又都在庄严寂静中发挥作用。我们能做到的，就是让自己与它们保持和谐一致，以享受自然的馈赠。对我们而言，所有的境遇和经历都是大自然特意安排给我们。无论我们安排是运气和优势，还是困难和障碍，都会让我们从中受益。各种法则布下了天罗地网，任何人都无法逃脱它们的作用。

钢铁从何而来？安德鲁·卡耐基是怎么想到的？这是因为他们知道自然界要保持平衡，就要遵循能量守恒定律，在一个地方出现了多少能量，就意味着在另一个地方消失了多少能量。或许我们可以从中懂得，世间事物有舍才有得的道理，只知索取而拒绝付出就会打乱自然界的平衡，当然就不可能如愿以偿。

所以说，真实的创富理念应该是：文明企业需要重新关注给予，它要使自己学会给予。它的成功是基于给予的愿望，而不是为了谋取利益。给予第一，利益第二。这正如《圣经》所言："上帝说，将我们的模样来创造人类，要和我们相像……于是，上帝就按照自己的模样创造了人类，创造了男人和女人。"我们从上帝身上继承下来的重要一点就是给予的本性。

培养创造财富的精神动力，这是每个人身上所必须具备的，当我们创造了财富的时候，我们一定要捐赠出10%的利润，甚至是将你所获得的最初利润的10%捐赠给那些需要帮助的人。首先而且最快地把它作为最重要的事情去做，并怀着一颗给予之心去做。

追逐财富的人都该知道，这个飞速发展的社会需要新理念、新的处事方式、新型领导人、新的发明、新的教学方式、新的营销方式、新书籍、新文学、新式的广播电视以及新的电影创意。要得到这些更新、更好的东西，有一个条件，就是要有明确的目标，知道自己想要什么，而且要有得到它的炙热欲望。

经济危机意味着一个时代的结束，另一个时代的开始。这个充满巨变的世界需要能够而且将会让梦想照进现实的实践派梦想家。这些梦想家以前是，现在是，未来也一定是文明的缔造者。

渴望积累财富的我们应该记住，世界的真正领导者是这样一些人，他们能发现尚未出现的机会中蕴藏着无形力量，并将其运用于实践，把这种力量（或者说这种意念的冲动）转化为摩天大厦、城市、工厂、机场、汽车以及给人们提供方便、使生活更美好的任何形式。

如果你打算得到属于自己的一份财富，就不要受任何人影响从而嘲笑梦想家。要在这个变化的世界里成为大赢家，必须学习过去那些伟大开拓者的精神。他们的梦想赋予文明应有的价值，他们的精神是我们国家的生命血液。有了这种精神，你我才能有机会发掘、展示我们自己的才能。

如果你想做的事情是正确的，而且对此深信不疑，那么尽管放手去做！放飞你的梦想，如果遇到暂时的挫折，不要在乎"别人"怎么说，因为"他们"可能不知道，每一次失败都蕴含着成功的种子。

宽容和开放的心态是现今的梦想家必备的品质。害怕接受新理念的人，从一开始就会被淘汰。

当下比以往任何时候都适合创业。在的世界需要新一代的骄子去改造和重建我们的商务、经济以及工业。

要想获得财富，就不要人云亦云地嘲笑那些梦想家。要想在新世界干一番大事，必须学习先驱们的精神。他们的梦想赋予了现代文明的价值，他们的精神是整个国家的生命源泉，他们为你我创造了机会，激发了我们的才能。

也许很多人会对本书的观点嗤之以鼻，认为根本不存在什么创富科学。他们深信世界上的财富是有限的，而要想让更多的人过上好生活，就必须先改变社会结构和政府机构。

但是，这并不是事实。

的确，当今社会的贫困人口还是很多，但人之所以贫穷，是因为他们没有按照特定的法则去思考和行动。

如果人们都按照本书的原则行事，任何政府或工业体制都无法阻拦他们创富。所有体系都是顺应趋势逐渐改良和调整的。

如果人们都有进取心，而且都有必胜的信念，并且朝着既定的目标前进，什么都无法阻止他们创富。

不论什么时候，在什么样的政治体制下，每个人都可以通过按照特定法则行事而成功创富。一旦多数人开始觉醒，他们就会引起整个社会体制的改革，使更多人获得创富的机会。

只有让多数人都按照本书的法则成功创富，人们才能真正地远离贫穷。已经成功创富的人能为他人树立榜样，激励他们去追求美好生活，让他们具备坚定的信念和必胜的目标。

然而，就现阶段而言，你只要知道无论是社会制度还是竞争体制都无法阻止你创富就够了。一旦你具备了创造性思维，你就不用受到各方牵制，而成为另一个全然不同的世界的公民。

但要记住，你必须时刻保持创造性思维，不要落入竞争性思维的自我限制中，认为世界上的资源是有限的，或者企图从道德层面消灭竞争。

无论何时，只要发现自己落入了竞争性思维模式中，请马上改变想法。因为一旦如此，你就会切断与智慧本体的联系。

不要浪费时间思考如何来应对未来可能出现的突发情况，除非那影响到你现在的行动。你要关注的是如何更好地完成今天的工作，而不是无谓地担心未来可能发生的事情。一旦真出现状况，你再去处理也来得及。

不要杞人忧天，担心未来可能出现的种种障碍，你只要按照特定的法则行事，任何障碍都会自动闪开，或者到时候你就能轻易越过、穿越它们，也可能你自己会另辟蹊径。

按照特定法则创富的人，绝对不会被任何困难打倒。只要是按照本书的科学法则行事，任何人都不会失败，这就跟"1+1=2"一样确定。

不必为那些可能出现的灾难、障碍、恐慌等各种不利的外界条件而担心，即便真的发生，你也会有充足的时间去处理这些事情。事实上，凡事都有两面，正所谓"塞翁失马，焉知非福"。

管好自己的嘴巴。永远不要用会使自己或别人泄气的方式谈论自己、自己遭遇到的事，或是其他任何事。

永远不要假设或暗示自己有任何失败。永远不要抱怨世道艰难，或说事业前景堪忧之类的话。只有充满竞争思想的人，才会抱怨这些，而你绝对不会有这样的遭遇，因为你能创造想要的一切，也能克服一切恐惧。

当别人的事业遭遇不顺时，你却能发现大好机会就在眼前。

你要学会用"进化"或"发展"的眼光看待整个世界，并坚信看似罪恶的一切，都不过是尚未达到完善而已。永远都要积极向上！如果不这样，你就等于是在否定自己，而一旦否定自己，你就会失去信念。

永远不要感到沮丧！当某些愿望没有如期实现时，你只是看似失败了。

但如果坚定信念，你就会发现当时的失败只是表象而已。

继续坚持按照特定法则行事，就算你没能如愿，也肯定会获得更好的结果。

有一个愿意将创富法则付诸实际的人，在读完本书之后，决定进行一次企业合并。当时，他非常渴望能够完成工作，而且他也花了数周时间准备此事。但在关键时刻，整件事却出人意料地失败了，就好像有种无形的力量在跟他作对一样。但他并未感到沮丧，反而感谢上天驳回了他的这一欲望，然后又心存感激地投入到了工作中。数周之后，一个更好的机会降临了。奇妙的是，如果上次那笔交易成功达成，他绝对不会得到这次机会。这时，他真正地了解到，这原来是智慧本体不想让他因小失大而做出的特意安排。

只要你能坚持信念、坚定决心、心存感激，并且每天都全力以赴地做好本职工作，那么每个看似失败的事情，都能为你带来更好的结果。

人之所以会失败，就是因为要求的不够或目标太低。只要坚持下去，你定能获得更好的回报。一定要记住这一点。

你永远不会为缺少某种天赋或才能而失败。只要按照本书的原则行事，你定能获得完成某项工作所需要的才能。

如何培养才能并不在本书讨论范围之内，但它与创富法则一样明确而简单。

不要因为缺少某种才能而犹豫不决。只要坚持下去，等事情发生时，你自然就有能力去解决。林肯就是凭借这种才能成就了千秋伟业。你也一样能做到！你应该坚信自己有能力处理所有事情，并怀着这样的信念不断前进。

请仔细研读本书，在你完全掌握其中奥妙之前，请随身携带本书。在树立了信念和信心之后，如果你能放弃一些娱乐活动，并暂时远离那些与本书理念相悖的书籍，你将受益无穷。不要阅读任何宣扬悲观思想的文学作品，也不要涉足任何与此有关的争辩。你应该将大部分闲暇时间用在思考梦想、培养感激之情以及阅读本书上。本书包含了所有与创富有关的内容。

第三章
开发创富的潜能

　　金钱并不像平常所说的那样，是一切邪恶的根源，唯有对金钱的贪欲，对金钱过分的、自私的、贪婪的追求，才是一切邪恶的根源。

——（美）纳·霍桑

◆ 开发创富的潜能

　　你最想从生活中获得什么？是财富吗？想象一下，如果全世界的财富都能为你所用，大自然中的一切能力都将为你服务，不管在什么地方你都能具有万能的能力。那么你将用它们来做什么？别介意，做会儿白日梦好了。你要相信你现在已经具有了这些能力。你要相信你现在已经具有了这么多的财富了。你会相信自己现在正开着心仪已久的名牌汽车，住在早就梦寐以求的豪宅中，衣着光鲜，坐拥着一切生命中追求的东西。想象一下你会如何花费这些属于你的钱，只要大方地花销而不用担心有一天会坐吃山空，你会发现在我们的内心里，对于财富的渴望是没有止境的。想象一下你可以恣意地做任何你想做的事，过你想要的生活，能为你爱的人们做到他们想要的任何事情。用你的心去看这一切。做一会儿梦，相信它们就是真的。相信就在不远的未来这一切都会变成真的。你会从中得到你想要的快乐和愉悦。这，就是实现你的梦想的第一步。你正在自己的心里描绘着这一切。只要你别让心中的恐惧和担忧将它摧毁，你的头脑就会在每一天的生活中为你描绘着这幅蓝图。

　　有这样一个故事，一位女士紧急需要一笔钱付租金。她为不知道如何获得钱财而心力交瘁。然而她相信上帝，并不断坚定信念。一天，她的小狗呜呜地想要出去，于是她给它戴上绳索沿着大街漫无目的地溜达。然而，小狗却拉着她走向另一方向。她跟着它走，来到了公园对面街区的中心停下了，她捡到了一卷纸币，数量足够交付租金。

她刊登广告但是未找到失主，因为她捡到钱的附近并没有住户。

理智，或是常识，就像你意识中王座上的法老，不停地对你说："不可能完成，没用！"我们必须用坚定的信念消除这些消极的念头。

比如用这句话："神奇会来，看似不可能的事情一定可以实现。"它会平息你与外在（理性）的争辩。

"神奇会来！"没有什么可以对抗这种意念。

"你必须让我比敌人更具智慧。"你的敌人是你的消极、疑虑、恐慌和畏惧。思考你摆脱法老压迫后的永恒自由；想象潜意识中安全、健康、幸福和富足的意念，它会带来无拘无束的生活，升入天国，在这里，一切皆会自动到来。

我说"自动到来"是因为生命本是意念，当我们对成功、幸福和富足强烈时，意识中象征它们的事物便会带我们走近它们。

当我们有对富足和成功的强烈感觉，就可能会突然收到大笔钱财或美好的礼物。有一个故事可以说明这项法则的真实。

我去参加一个聚会，聚会上大家一起玩游戏，获胜者可以得到一台漂亮的风扇作为礼物。玩家中有一位叫克莱拉的阔太太，家道丰厚。羡慕嫉妒者们则聚在一起私语："希望克莱拉输掉。"

结果克莱拉赢了。她因为感觉富裕不在意失败，反而趋向成功。嫉妒和怨恨会降低你的好运并让你远离幸运的"风扇"。

这个世界将向你展示它所蕴藏的巨大财富。从精神上适当的追求，你就将获得这些宝贵的礼物。但是在你实实在在地体会到它们的美妙之前，你必须先在精神上完成它们。"只有思想能让你的身体富有起来。"正如莎士比亚告诉我们的一样。将你希望得到的东西视作已经在你的口袋中了，然后你会发现，你会很快就能拥有它们。别为它们烦躁，也别为它们担忧。不要告诉自己它们是你所缺少的。将它们看作你的，就好像已经属于你了，已经是你的财产了。

一切事物被创造出的基础是认识和了解，而创造力又是由主观意识和思考过程来产生的。在它们的协同作用下，那些内在的、我们肉眼不可能看见的主观世界才能转变为可见可触的外部世界中的一切经历。

对一个人来说，可能发生的最坏的事情莫过于他的脑子里总认为自己生来就是个不幸的人，命运女神总是跟他过不去。

其实，在我们自己的思想王国之外，根本就没有什么命运女神。我们是自己的命运女神，我们自己控制、主宰着自己的命运。

对一个自认为天生就是失败者的人，你能做什么呢？成功是不可能来自于这种失败思想的，就好像玫瑰是不可能来自于长满荒草的土壤一样。当一个人非常担心失败或贫困时，当他总是想着可能会失败或贫困时，他的潜意识里就会形成这种失败思想的印象，因而，他就会使自己处于越来越不利的地位。

换句话说，他的思想、他的心态使得他本来能做成的事情也变得不可能做成了。

事实上，我们的心态在很大程度上决定了我们人生的成败：

第一，我们怎样对待生活，生活就怎样对待我们。

第二，我们怎样对待别人，别人就怎样对待我们。

第三，我们在一项任务刚开始时的心态决定了最后有多大的成功，这比任何其他因素都重要。

第四，人们在任何重要组织中地位越高，就越能找到最佳的心态。

非常可惜的是，由于没有进行各种有效训练，使我们的创富能力没有完全发挥出来。我们大多数人并非命里就注定不能成为百万富翁、千万富翁，甚至是亿万富翁，其实，不管从事什么事业，我们都有可能在自己的领域内成为一个天才，有可能充分发挥自己的潜能。

曾经有一个故事讲的一个有积极心态的人被大水困住，只得爬上屋顶。邻居中有人漂浮过来说道："约翰，这次大水真可怕，难道不是吗？"约翰回答说："不，它并不怎么坏。"邻居有点儿吃惊，就反驳道："你怎么说不怎么坏？你的鸡舍已经被冲走了。"约翰回答说："是的，我知道，但我六个月以前养的鸭子现在都在附近游泳。""但是，约翰，这次的水淹了你的农作物。"这位邻居坚持说。约翰仍然不屈服地说："不！我的农作物因为缺水快旱死了，就是上周，代理人还告诉我，我的土地需要更多的水，所以这下就全解决了。"

这位悲观的邻居又再次对他那位欢笑的朋友说："但是你看，约翰，大水还在上涨，就要涨到你的窗户上了。"这位乐观的朋友笑得更开朗，说道："我希望如此，这些窗户实在太脏了，需要冲洗一下。"

这是一个玩笑，但是也值得我们学习。显然，约翰已经决定以积极的态度来应付各种情况。百科全书上说，心态是为达到某种目的所采取的心境或姿态。经过一段时间以后，即使遇到消极的情况，你也能使心灵自动地做出积极的反应。达到这种境界，你必须以很多良好、清洁、有力的信息来充实你的心灵，甚至随时保持这种状况。由此可见，潜能的发挥成功与否，关键在于心态。

　　创造平和的心境，进入到一种心灵相对安静的状态中，并调动思维去思考问题，这样我们不仅能很好地把握自身，更能专注地去分析、找方法，这样所获得的成果是巨大的。

◆ 靠创造力致富

五千年来人们总是被教导，有的人天生具有才能，而有的人没有，那些不具备才能的人应该为有才能的人服务。

我想没有比这更大的错误了。每个人的才能都足够使他获得最辉煌的成就。"普通的资质，合理的发掘，"谢欧多·N. 维尔说，"通往你所能想象的成功路途中所需的全部要素，仅此而已。"

你可曾参加过赛跑、长距离游泳或是持续地满负荷运动？记得是怎样开始不久你就感到疲惫了吗？记得是怎样在你没走多远时就认为自己达到极限了吗？但是，还记得是怎样当你继续前进时，你却恢复了正常的呼吸，疲惫消失了，浑身充满了活力，你感到了速度和耐力大增呢？

每个人身上都储备了巨大的能量，而一般人却对此毫无所知。大多数都是慢速地在人生路上前进，却不晓得加一下力，这样就能高速前行，而且耗力也要少得多。

你所生活的这一世界就是你的财产，它不仅要负担你的生活，还应给你渴望的一切美好事物。然而，你必须要求它给你这些。

生活最大的障碍就是低估你发展和成功的潜能。如果你缺乏教育、遭受贫困，或者被自卑、疾病或心理疾病所困扰，你该怎么办？感激你所遭受的一切吧！困难是你通往成功最有效的催化剂。就像鹰在逆风中飞得更高一样，你遇到的阻碍也是为你将来的成功做准备。

在美国东部的一个大城市里，住着这样一位妇女。她的丈夫在几年前去世了，给她留下一亿美元的遗产。她手中握着大量的金钱，可以做任何她想做的事，买任何她喜欢的东西。然而这些事情她一件都没有做。尽管她不缺钱花，却也只花了不到千分之一。旁人都羡慕她，天上掉馅饼，对此她一无所觉。因为她精神失常，无法自理。读到这，我们不禁替这位妇女惋惜。有钱自然有权，她可以做任何想做的事，然而无论是好事还是坏事，她都无福消受了。然而，我们在替别人惋惜之前，先替自己惋惜一下吧。我们拥有无上的潜力，对此，如那位妇女一样，一无所觉，不能加以利用。犯着相同错误的我们，又有何资格去悲天悯人呢。对于那位妇女来说，她的错误尚且可以归咎于她的疾病。而对我们这些身体健康、思维正常的人来说，任何说得出口的借口都是耻辱的代名词，都是在推卸责任。我们拥有的潜力将帮助我们获得源源不断的灵感、取之不竭的能量、用之不尽的财富。而秘诀简单到只需一句"芝麻，开门"即可。即便如此，还是有许多人辜负了自己一身的好本事。当别人正忙于开发自身的潜力，提高自己的素质时，他们还陷在与鸡毛蒜皮凡人琐事的纠缠中而无法自拔。当别人都进步了，他们还在原地徘徊。别人都从事高尚体面的工作，他们终生也只能做一些诸如伐木工人、运水工人之类的体力活。

如何才能获得这无所不能、无坚不摧的力量呢？获得之后又该如何使用呢？事实上，这种力量来源于我们的内心深处。

世界冠军摩拉里就是这样做的。早在少不更事、守着电视看奥运竞赛的年纪，他的心中就充满了梦想，梦想着即将到来的有趣之事。1984年一个机会出现了，他成为全世界最优秀的游泳运动员。但在洛杉矶的奥运会上，他却只拿了亚军，想象与梦想并没有实现。

他重新回到梦想中，回到游泳池里，又开始了训练。这一次目标是1988年韩国汉城奥运金牌。然而他的梦想在奥运预选赛时就烟消云散，他竟然被淘汰了。

跟大多数人一样，他变得很沮丧。他把这份梦想深埋心中，到康奈尔念律师学校。这三年的时间，他很少游泳。可是心中始终有股烈焰，他无法抑制这份渴望。离1992年夏季赛不到一年的时间，他决定再孤注一掷。在这项属于年轻人的游泳赛中，他算是高龄了。这简直就像是拿着枪矛戳风车的现代堂吉诃德，想赢得百米蝶泳赛的冠军简直愚不可及。

对他而言，这也是一段悲伤艰难的时刻，因为他的母亲因癌症而离世了。她将无法和他一起分享胜利的成果，可是追悼母亲的悲伤心情反而加强了他的决心和意志。

令人惊讶的是，他不仅成为美国代表队成员，还赢得了初赛。他的纪录只比世界纪录慢了一秒多。看得出来，在决赛中他势必要创造一个奇迹。

加强想象，增强意志训练，不停地训练，他在心中仔细研究赛程。不用一分钟，他就能将比赛从头到尾，像水晶般透彻地仔细看过一遍。他的速度会占尽优势，他希望他能超越他的竞争者，一路领先。而决赛的那一天，他真的站在了领奖台上，看着星条旗冉冉上升，美国国歌响起，颈上挂着令人骄傲的金牌。凭着积极心态，摩拉里将梦想化为胜利，美梦成真。

我们的身心状态可以说是受制于神经系统，是千百万神经活动的总和结果。这些活动乃是各种感觉器官将所测得的外界资料在脑中处理的过程。我们对于大部分身心状态是怎么发生的并不知道，因为当我们一接到各种的事情，就会立即有相对的状态产生，这个状态可能是消极无力的也可能是积极奋发的，只是大部分的人不知道如何控制这些状态的发生。

或许，女人比男人更容易受消极因素的影响。这是因为女人的敏感决定了她们更容易接受他人的思想或建议，日常生活中的负面因素更容易将她们当作攻击的目标。

然而，这些都是能够克服的。当弗海伦萨·南丁格尔只身来到克里米亚，在众多陌生人面前表现出自己的同情和执行能力的时候，她就克服了自身的弱点。当克拉拉·巴顿担任红十字会会长，并在工作中得以锤炼的时候，她也克服了自身的弱点。当珍妮·林德在将自己的愿望和热情投注于艺术事业，并取得了骄人的成就和巨大的财富的时候，她同样克服了自身弱点。此外，还有很多女歌唱家、女慈善家、女作家和女演员在文学、戏剧、艺术以及社会活动等领域展示了自己的非凡能力。

爱因斯坦曾经说过，每个孩子生来都是个天才。只要肯发掘，每个人总会发现自己在某一方面会有超常表现。事实已经证明，一个人的智力水平和创造力水平与他的头脑所受刺激的数量和质量成正比。大脑同肌肉一样，具有创造性的肌肉，总是越用越强健、灵活，反之亦然。当一个人学习某一科目，随着理解程度的提高，他会产生新的思维；当两个人或更多的人在一起交谈时，彼此会被对方激发出新的观点；阅读比其他活动更能够开发智力和激发想象力。遗憾的是，大多数人在离开学校以后就很少再阅读非小说类的书籍了。一个人越是经常阅读，想象力便越是丰富。说到与生俱来的创造力，"用进废退"是再准确不过了。爱因斯坦的相对论产生于想象（他幻想自己骑着光束遨游），而不是产生于黑板。你能有多大的成就，完全取决于你在多大程度上接受和开发自己的内在创造力。

◆ 挖掘无限潜能

我们当中大多数人似乎都没能注意这样一个事实：我们具有天生的绝顶的自豪，没有什么能够阻止和限制我们的成功。在每个人身上都蕴藏着待开发利用的潜能。你一定记得，在学校里每当学习一项新技能，开始你都可能会想：我能学会吗？然而，在每一次努力后你都会发现，其实你不仅能够学会，而且可能还很喜欢。一旦学会了用五笔打字，只要你经常使用，你不仅不会忘记，而且还会越来越熟练。秘密就在于你的这个潜能需要唤醒。如果我们在某个领域里感到力不从心，那是因为我们给自己强加了种种限制。如果能克服这些限制，或许就能成功。

几年前，《纽约世界》的一篇社论中提到："大自然并不公平。她赋予一些女人美貌，而另一些人只享有普通的或稍胜一筹的资质。她使一些人天生聪明而另一些人天生愚蠢。简单而言，我们并非也无法生来自由和平等。上帝给一些人捎去了礼物，而与另一些人仅是擦身而过。有的人生来具有动人的歌喉，美丽的容貌或者聪明的头脑，有的人生来是佼佼者。最大的平等只在于每一个人都有歌唱的权力。"

这可以说是极为普遍的想法了。每个人应该都在不经意间有过这样的想法。然而，这些人忽视了生活中最大的动力——如此静默地存在于我们每个人身体里的动力——内在意识的力量，它能够改变一切不公平状态，克服一切存在于表面的艰难险阻。

对于我们来说，最重要的在于发掘我们内心所有的潜能。如果在这个过程中我们需要忍受饥饿，遭受疾病和伤害，那我们不妨欢欣鼓舞地接受所有的痛苦吧！只要能将这神圣精神的力量带到你们日常事务中来，付出再多代价也是无关紧要的。因为你在其中遭受的痛苦和付出的代价，会让你得到百倍的回报。这里没有也许，我亲眼所见它被无数次地验证，毫无例外。这也是我从过去的苦痛经历里得来的经验。

你也许自以为很聪明，认为自己能在某个时候承担最困难的工作，不过问题在于个人对聪明的概念的理解是否有所缺失或过度。如果你对聪明的理解有缺失，那么你要是认为自己很聪明，大概也就无可厚非了；换言之，你对聪明有多少了解，你就有多聪明。而这是否就足够你应对当前的工作，就是另外一个问题了。你对自己能力的认知也许有所夸大，但如果你对聪明的诠释是粗劣的，那你的思想也必然就是粗劣的，思想所凝结的智慧果实也就是粗劣的。因此，仅仅自认为聪明是不能让你变得真正聪明起来的，除非你对于聪明的理解更加全面，并能够上一个更高的层次。

你对于"聪明"一词的理解和感悟就是指你对这个词的真正看法，而正是这种理解、感悟或者是认知决定了你究竟有多聪明。你思维的敏捷度取决于你对敏捷的理解，也取决于当时你对"聪明"一词的认知程度。倘若你的思维是敏捷的，那你就是聪明的，相对的，如果你的思维不够敏捷，那不管你自认为有多聪明，都必须承认自己不够聪明。为了让你的思维更敏捷，那就要对所谓的"聪明""智慧"以及你所能达到的"敏捷度"进行有意识的深入理解了。任何时候都不要自认为聪明，也不可妄自菲薄。你只需要全心全意地关注绝对的聪明，同时还要运用心灵和灵魂的所有力量都来期盼自己越来越接近绝对的聪明。

你有没有听过一只鸡的寓言？这个寓言说的是一个极其偶然的因素，鹰蛋和鸡蛋混在一起，由一只母鸡来孵，孵出来的小鸡群里有了一只小鹰。小鹰和小鸡一起长大，因而不知道自己除了是小鸡外还会是什么。起初它很满足，过着和鸡一样的生活。

但是当它逐渐长大的时候，它心里就有一种奇特不安的感觉。它不时想："难道我注定是一只鸡吗？我一定不只是一只鸡！"只是宁静的生活让它相信，自己就是一只鸡，只不过模样不同罢了，因此它一直没有采取什么行动。

直到有一天，一只老鹰翱翔在养鸡场的上空，小鹰感觉到自己的双翼有一股奇特的新力量，感觉胸膛的心正猛烈地跳着。它抬头看着老鹰的时候，一种想法出现在心中："养鸡场不是我待的地方，我要飞上青天，栖息在山岩之上。"

它从来没有飞过，但是它的内心里有着力量和天性。它展开了双翅，飞到一座矮山顶上。极为兴奋之后，它再飞到更高的山顶上，最后冲上了青天，到了高山的顶峰，它发现了伟大的自己。

不要以为这不过是个很好的寓言而已，不要以为你就不能成为一只翱翔之鹰，不要以为自己只是一个平凡的人，不要以为自己就不能做出什么了不起的事业，不要以为自己一辈子就应该受穷。事实并非如此。只要你想致富，只要你想成功，只要你想成为一个杰出的人，你一样能够做到。

"这能行"是那些忽视小事情的人的口头禅。它使许多人丧失了高尚的品格，使许多船只沉没，使许多房子烧掉，使人类无数次倾注了美好希望的工程无可挽回地毁于一旦。当小事情被习惯性地忽略掉时，灾难就不远了。

或许这正是问题的所在——你从来没有期望过自己能够做出什么了不起的事来。这是实情，而且这是严重的事实，那就是我们只把自己钉在我们自我期望的范围以内。

但是每个人确实具有比表现出来的更多的才气，更多的能力，更有效的机能。

多少人类的幸福都寄托在把每一分钱花好之上！

一个人的日常生活是他的道德风貌和社会地位的最好验证。

是良好的习惯而不是政治权利使我们能成为自由而不依赖于别人的人。

一个好基督徒一定是个好仆人。无论你的命运如何，一定要牢记的是：对上帝的敬畏乃是智慧的开端。

我们很少能够做惊天动地的大事，但小事情却总是需要有人做的。那么，请抓住每一个互相帮助的机会，你就会对你的工作全力以赴，并能够保持你的真诚、热情和善良长盛不衰。但是，人们通常会拒绝行使自己的选择权而轻易地放弃了对自己潜能的开发。如果我们不期望得到什么，结果我们就真的什么也得不到。如果我们拿着汤勺而不是水桶走向生命的喷泉，那我们就很难发掘到生命所赋予我们的力量、想象、远见、洞察力和创造力以及自身的才能和技艺，结果自然就会把我们没能发掘并加以利用的那部分从我们的身上拿走。在海洋的深处，有一种鱼，由于不需要看见外界，最终它们的眼睛退化了。用进废退——常年用手劳作的那些人会发现磨出的水泡日久变成了茧子，而且越来越粗糙有力；那些常常从事想象和创造性工作的人会发现自己的思想更加活跃。

自古以来，人们就在谈论智力只是更加强大的智囊的一部分，是博学的潜意识的智囊，是无穷的才智，是不易被大家察觉的，是超意识或超前意识的。我们都有一个超意识的大脑，只是经常处在一种非常无序的状态下。热情和兴奋、直觉和顿悟、创造力和想象力，还有动机和灵感都源自超意识并受控于它。这些才能唾手可得，人们应该知道如何去开发利用它们。

当你认同美丽是一种自然的流露时，那不论你自认为美丽与否，你都是美丽的。而正是潜意识下的活动决定了你的认知水平。因此，人之所以美丽就在于她内心的思想有助于美丽常驻。而那些并不美丽的人们也不一定就有丑恶的思想，只是因为她内心的心理活动并没有如那些美丽的人们那样让美丽自然地流露出来，同时也因为她潜意识下的活动没有以最完美的方式安排得当。而事实上这些活动并不是通过认为某人是美丽的，而是通过美好的思想内涵才能很好进行的。当你自认为很美丽的时候，就会很容易认为自己比别人更美丽，可是事实上这样的想法本身就不够美丽。指出或批评别人的丑陋或不足实际上就是在指出或批评你自身的不足或者丑陋，而这或早或晚地都会通过你的思想和性格体现出来。

一旦你开始了担忧、憎恶或者恐惧，你的思维就会让你的性格和心灵变坏，不久你整个人都变坏了；自我认定是美丽的并不能使你净化那颗已经被污染了的丑恶心灵。反而你这样错误的定位还会让你变得更加忧心忡忡、更加可憎和丑陋，也不会如你所愿地让你的心灵得到净化了。

◆ 财富源于意识

财富源于意识。一切收获都是意识累积的结果。一切损失都是意识耗散的结果。

注意力受控于内心的意向。力量源自冥想。只有学会专注，你才能拥有深邃的思想和机智的谈吐，才能发挥出自身全部的潜力。

冥想能够让你与潜意识中的全能力量（即一切力量的源泉）建立联系。此时，你还需要回到之前的房间，坐在椅子上，保持原来的姿势，放松精神和身体。绝对不要在有压力的时候进行精神活动。肌肉和神经都要保持轻松和舒适。现在，你要感觉自己与全能力量建立了联系，并与它保持和谐一致。你要深刻地领悟、理解并认识到你的思想能力就是彰显宇宙精神的能力；认识到宇宙力量将满足你的任何需求；认识到你的潜在力量和他人一样强大，因为万事万物都是宇宙整体力量的体现，都是整体的组成部分。一切事物在种类和属性上没有任何区别，唯一的区别只是等级和程度不同而已。

所有渴望获得智慧、力量或不朽成就的人都会成发现这一切都源于内在世界。不动脑筋的人会认为冥想是很容易实现的。然而，要注意，只有在绝对寂静的状态下，一个人才能与神圣之力量取得联系，才能认识永恒的法则。同时，只有通过不断的练习，才能做到专注，才能打开通向完美之路的大门。

当你说："我看—我听—我闻—我摸"的时候，实际上，是你的意识在说话，因为意识是掌管身体感官的力量。意识是大脑的某种状态，某种每个人都熟悉的状态，用这种状态人们可以感觉、可以思考。意识很大程度上控制着你所有的能动肌群。它可以辨别是非，区别聪明与愚钝。它是统帅，管理着你所有的精神力量。它可以事先计划，并让计划如期执行。偶尔，它也可以随波逐流，冲动行事，受事件的支配，做生活中的一块废料。意识是其他意识的"看门人"，只有通过意识，才有可能接触到你的下意识和潜意识。下意识是通过意识来表述它想表达的东西的。下意识需要依靠意识进行必要的团队合作才能获得成效。一支军队，无论士兵多么优秀，只要将领不善于运筹帷幄，不相信自己，也不相信手下的人，整天一味地担心敌情而不去思考该如何击退敌军，那么，这支军队绝对会失败。一只棒球队，如果投手和接球手配合不一致，也不会取得好成绩。同样的道理，如果你的意识里满是恐惧和担心，或者意识不到自己想要什么，那么就别期望可以从下意识那获得什么成果。意识最重要的作用之一便是让思想、精力集中到一件你想要办的事情上。如果你一旦拥有了这样做的能力，事情就能轻而易举地做成。

下意识并不顺着你引导的方向思考，它接收你传给它的想法，并对此做出合乎逻辑的解释。你给它灌输健康和力量的想法，它便会在体内产生健康和力量。如果是让疾病、恐惧钻了进去，不管是自己的想法还是周围人的言论，你很快就会看到疾病症状在你身上显现。

如果一直坐着不动，你能说得出血液里需要多少水、多少盐和多少其他成分才能维持它现有的比例吗？如果玩一些需要速度的运动，像游戏、打网球、赛跑、锯木头等，或是参与其他一些剧烈运动的时候，你知道排汗损失了多少盐分吗？你知道每天应该从食物中摄取多少水、多少盐和多少其他的养分进入血液，才能保证身体健康吗？不知道，就算是最伟大的物理学家和化学家也不知道，但你的下意识知道。它甚至不用迟疑便能将它指出来。而且几乎是自动做出了判断，它是一个"闪电计算器"，而且这只是它每天所要做的上千份工作中的一份，下意识每分钟所要处理的事务，是那些最伟大的科学家和最知名的化学家，花上一年时间也难以解答的深奥的问题。

当我们运用自身的力量时，就会发现在付诸行动时的三个层面。第一个是有意识的层面，在这个层面上我们是在思维清醒的状态下付诸行动的。第二个层面是无意识的，在这个层面上思维是在潜意识中活动的。而当我们进入睡眠状态的时候所进行的活动也就是在这个层面上展开的。所以说所谓的"睡着了"只是指理论意义上的，因为当我们进入睡觉状态的时候，自我感会下降，换言之，就好像是进入了另一个世界一样——一个广阔无垠的世界，那里的一切还未开启。第三是超意识的层面，在这个层面上思维触及到了更高的领域，而正是在这个领域里我们获得了真正的力量和鼓舞；事实上，当我们触及超意识的领域时，我们就会常常感到仿佛自己已经不仅仅只是人类了。

因此，懂得如何在超意识的世界里行为处事是非常重要的，尽管这一点可能乍一看显得有点模糊而神秘。可是事实上我们一直有意无意地与这个超意识的世界有所接触。我们常常在聆听励志歌曲的时候，在读一些伟大作品时，在聆听别人权威性的发言时，或是在目睹自然界里震撼心灵的画面时，就进入了超意识的世界当中。而当我们心怀雄韬伟略的时候同样会接触到超意识的领域，由此我们也就发现了其中巨大的现实价值。

当一个壮志凌云的人心潮澎湃，换句话说，就是拥有了雄心壮志赋予的力量的时候，他们几乎会无一例外地触及心灵更高的层面——在这个层面上他们不仅仅会感受到此前从未感受过的巨大的力量和决心，还会为心灵注入更多的活力，于是你就得到了完成计划、实现理想所要求的高超智慧，由此，你的抱负也将得到实现。可以说，我们正是从这个崇高的领域里得到最神圣的启示，谁都知道如果不进入这令人惊叹的超意识领域，这世界上谁也不可能取得辉煌的成功。

当我们训练自己的大脑和思维时不时地达到超意识的状态，就会源源不断地得到我们梦寐以求的东西。我们会不断领悟我们想要掌握的方法。不管是什么样的困难，我们总能找到完全克服它的办法。如果你正处于困境，那也要马上重整旗鼓，摆正心态，直到你达到了超意识的状态，而当你真正达到的时候，不久你就会受到启发并攻克难关的。

然而超意识的价值远不只是这样而已。人类最崇高的力量同时也是最强大的，可是这样的力量只能在超意识的层面上运用。因此，如果你想要了解并运用你拥有的所有的力量，就必须要训练自己的大脑，不仅仅是在有意识和潜意识下，更要在超意识的层面上思考。与此同时，我们也务必要克制自己不可沉溺在超意识之中；虽然它是人类至高的力量源泉，这些力量也是我们要成就伟业不可或缺的；然而，除非这种力量降临人间，或者说，被运用到实际的行动当中去，否则这种至高的能量都是不可被利用的。

沉溺于超意识中的人总是会做白日梦，可如果他不把超意识的力量运用到实际的行动当中去，他就将一事无成，只能耽于做千秋大梦，而这些梦也是绝不会实现的。只有我们将心理活动加入到意识、潜意识以及超意识当中，我们才能实现自己的理想。简而言之，要想创造一番丰功伟业，必须要在各个层面上充分地运用自身所有的力量。

潜意识能够让人类与内在世界建立联系。太阳神经丛是传导潜意识的器官。交感神经负责控制各种主观感觉，如快乐、恐惧、爱、情感、希望、想象以及其他各种潜意识现象。人类潜意识与各种建设性的宇宙力量建立联系。

通过客观精神，你能够汲取勇气、活力以及一切积极的能量，但同时也会沾染痛苦、疾病、缺点等消极而不和谐因素。因此，负面思想很容易让你产生破坏性的力量。

◆ 发现自己的创富潜能

创富心理学告诉我们，人的潜能犹如一座待开发的金矿，蕴藏无穷，价值无比，我们每个人都是一座潜能金矿。我们每个人都是独一无二的，天下间没有两个一模一样的人。你的存在就证明了你的合理性。请相信自己！因为如果自己都不相信自己的能力，你奢望谁相信你呢？自信成功，才是你力量的源泉。

外力只是条件，内功才是根本。学会自我缓解压力，学会自我调节，其实你也可以做自己的心理医生。请记住：最终能够拯救你的只有你自己。多储备一点儿自救知识，将使你处于不败之地！

在成长的路上，总有一些人和事让人难忘。

一句不经意的话，可能就会直击你的心灵。

往事如烟。许多人和事，都在时间的长河中渐渐模糊。但是，总有些东西让人难忘，犹如不落的星星，在心灵的天空闪烁，历久弥新。

难忘是因为心灵的触动。也许是瞬间的震撼，也许是持续地发现，某一个人，某一件事，某一句话，就这样镌刻在了心底，挥之不去。

人们总是容易羡慕别人的物质财富，这其实是舍本逐末，因为他们没看明白，丰富的物质生活来源于他们高贵的情感。不仅对个人是这样，对一个民族来说也是这样。一个民族首先要有高贵的情感，之后才有深奥、理性、哲学的思维，才能产生科学和文化。一个民族的贫穷首先是由精神贫穷造成的。

要想获得惊人的成就，必须动员你的潜能。根据大自然的法则，一个人能够绝对控制通过五官而到达潜意识心智中的物质，但是，这并不能解释为人始终能运用这种控制。而且绝大多数情况下，人并不运用这种控制，这是许多人贫困的原因。

二战期间，一艘军舰停泊在某国的港湾。

那天晚上万里无云，月明星稀，一片宁静，无形中透着一股寒气，似乎预示着随时都有可能发生危险。

一名士兵照例巡视全舰，突然，他看到一个乌黑的大东西在不远的水上浮动着，正随着退潮慢慢向着舰身中央漂来。

"水雷！"他不禁脱口而出。

他抓起舰内通讯电话机，通知了值日官，而值日官马上快步跑来。他们也很快地通知了舰长，并且发出全舰戒备讯号，全舰立时动员了起来。

水雷慢慢漂近，灾难即将来临。

起锚走？不行，没有足够时间。

发动引擎使水雷离开？不行，因为螺旋桨转动只会使水雷更快地漂向舰身。

以枪炮引发水雷？也不行，因为那枚水雷太接近舰里面的弹药库。

放下一支小艇，用一支长杆把水雷捅走？更不行。因为那是一枚触发水雷，同时也没有时间去折下水雷的雷管。

悲剧似乎无法避免。

"把消防水管拿来！"一名水兵突然大喊着。大家立刻明白这个办法有道理。他们向舰艇和水雷之间的海面喷水，制造一条水流，把水雷带向远方，然后用舰炮引炸水雷。

一场灾难就这样解除了！

这位水兵真是了不起，但是他却只是个凡人，不过他具有在危机状况下冷静而正确思考的能力。换言之，迫在眉睫的危机激发了他的创造性潜能。我们每一个人的身体内部都有这种天赋的能力，也就是说，我们每一个人都有无尽的潜能。

有人曾经说过，潜意识心智就像花园中一块肥沃的土地，如果不在上面播下所希望成长的种子，就只能杂草丛生。自我暗示便是一种控制的媒介，经过这一媒介，一个人可以自动地用创造的思想去滋养潜意识。

利用专注的原则，你能有效地将你的注意力固定在一个目标上。当你闭上眼睛时，你能够看到那些金钱出现。每天至少做一次练习，必须要有信心，让你自己确实看到你拥有那些金钱。

最重要的事实是，潜意识接受坚强信心下达给它的任何命令，并根据这些命令去行动，虽然这些命令往往必须要反复地下达。依照前面的陈述，你可以对你的潜意识使用"诡计"，因为你相信，所以让你的潜意识相信你必定会得到你所想象的财富，这笔财富已在等待着你去取。这样，你的潜意识一定会向你提出获得这笔财富的实行计划。不要等待以服务或商品交换来的财富，而应立即开始看见你已经拥有了这些财富。

如果你想完全为了自己，就会想把一切都据为己有。这种人不知道如何付出哪怕是一点点东西，或是放弃哪怕是一点点舒服的生活。他们从不能赢得别人的好感。他们信任自己的财富，并由此而有一个虚妄的安全感。有时不妨为别人考虑，其好处在于别人也会为你考虑。若担任公职，你一定要做一名公仆。正如一位老妇人所说：要么承担这个重担，要么让位不干。然而有些人完全为别人活着，因为事情做过了头总导致愚蠢，他们甚至没有一个小时是属于自己的，完完全全把自己奉献给了别人。在理解问题上也是这样。有些人对别人的事无所不知，而对自己却一无所知。如果你很明智，就会明白人们向你请教不是为了你，而是为了他们自己。他们所感兴趣的是你能为他们做些什么。

◆ 靠人格创富

关于人格，也可以说是个性，心理学家却有许多不同的定义。个性心理学家麦迪将其定义为：个性是决定个体心理和行为的普遍性和差异性的那些特征和倾向的较稳定的有机组合。著名心理学家凯立希则指出：个性是导致行为以及使一个人区别于其他人的各种特征和属性动态组合。这些特征和属性包括：需要、动机、情绪、自我知觉、角色行为、态度、价值观和能力等。也就是说，以上几个特征，也可以说是属性方面可以看出，无论其有机组合方式，还是其特征和倾向均是有异的。这就需要人们对自己的个性及其形成有所认识。

个性的形成要受很多因素的影响，每个人个性形成的原因也不尽相同。心理学研究成果表明，在某些人身上，有些个性特征几乎纯粹是先天具有的，而另一些个性特征又几乎纯然是后天形成的；但是，在一个人身上，更多的个性特征却是在先天和后天这两种因素的共同影响下形成的，只是后天社会环境的影响更显著罢了。

先天遗传因素与个性。个性是在个体的发展中逐渐形成的，在创富心理学中，它完全符合通过实践所得出的结论：富翁是可以通过后天培养出来的，而不是先天的。当然，我们也要从生物学的角度注意到，一个人在生下来的时候，他的心理却并不是白纸一张，也不可避免地具有一先天遗传心理特征。通过医学观察，我们也看到在一些新生婴儿中，有的好动，是兴奋型；有的安静，是抑制型等。这样的神经类型的特点是遗传的。这些遗传的特征构成了一个人独特的心理基础，这些居于基础条件的心理素质只是影响个性差异的一个方面，而更重要的是，是在个性发展过程中来自外部的影响，即依赖于社会客观环境和个人的主观能动性的影响。

后天社会环境因素与个性。后天因素主要有家庭、文化传统、社会阶层和阶级影响。

家庭的影响。在人的个性形成过程中，家庭影响占有重要的地位。据文化人类学专家研究，个性中的信任感、语言能力、情绪的稳定性、攻击性、爱的表达与交流能力、主动性及自我认同感等，都与家庭环境有着极其密切的关系。这就是说，家庭对子女的教育，除了按社会的要求，使其发展成为适应社会要求可供选择的人外，自己的家庭特点给予子女的影响却是难以更改的，而且更加重要和深远。家庭影响主要是指父母个性与特有的教育方式两方面。父母的个性对子女性格的形成，其影响是潜移默化的。较为理想的模式是一个既有高标准要求，同时又给孩子一个可以让孩子保有相当个性的父亲，再加上一位稍具支配力的母亲构成的个性影响系统。

文化传统的影响。每个社会都有属于自己的文化传统，每个生活在这个社会的人的个性，都不可避免地受到文化传统的影响。在文化的组成中，包括对一些重大问题的价值观念，对人生、对人与人的关系，对自然界的看法，以及解决问题的方法和行为模式。这些文化传统影响着需求和满足需求的途径，影响着解决冲突的方式。文化人类学者林顿和杜波斯研究了阿罗民族的个性，他们发现，阿罗人有很强的被动性，内心充满恐惧与胆怯，情绪不稳定等。他们认为产生这样的情况同阿罗人的母亲忽视儿童有关。在阿罗族，女人在生产后十天或两个星期，就开始到田里从事农活，因此，婴儿断奶期很早，排泄训练也不充分，儿童期的压抑与挫折一直保留在潜意识中，影响了阿罗儿童个性的健康。

社会阶层和阶级的影响。任何一个人都必须生活在一定的社会阶层和阶级中，阶层和阶级成员不可避免地要受阶级或阶层的行为准则、价值取向和思维方式的影响。在个体个性的形成过程中，所受的诸种影响有时甚至是综合的。但我们周围的许多人，对自己个性的了解极为欠缺，有人所具备的个性不适合于创富，有人的个性又貌似能创富。而实际的情况是，即使是对创富不利的个性，只要努力去深入了解自己的个性特征，并进行有利于创富的充分调整，也是完全可以很成功地实现自我理想的。

经过上述分析，我们不难看出，创富是受外在环境与自我个性所影响的。在这样的情况下，我们只有相信自己，才能走向成功，也才能创造财富。当我们相信自己的时候，也就意味着我们相信自己的能力，相信自己的价值，相信自己的聪明才智，以及知道自己的天赋才智及自己的个性适合做什么。毕竟我们创富的心理力量表现在：成功并不等于克己忘我，战胜一切并不意味着目空一切。这也是我们能够认识自我个性的奥秘所在。人的潜力取之不尽，用之不竭。因为拥有这种无限的能量，我们就能创造巨大的财富。而作为拥有无限能量的我们，当然也要不断去发现自己的个性适合做什么，只有这样，我们才能不断地发掘自己的潜能。

创富个体不自觉地以自己独特的个性特征参与到社会实践中去，

而这种创富行为则具有较强的指向性。每一个人在致富的过程中,都必须去了解一下自己的个性适合做什么,只有了解了自己的个性,才能扬长避短,在创造财富的过程中不断完善自己的个性。对许多杰出人物的研究可以发现,他们的人格因素中不乏极具典型的健康因素,有些甚至超越了他们所处的时代文化与精神,但并不完美。只是他们在创造财富的过程中,丝毫没有忽视对自己人格的不断完善。严格地讲,他们在创造财富的过程中,都有其努力的健康人格目标。

我们常见有些人格方面条件皆不错,唯独在发挥自我能力方面不怎么样,尤其是在与人交际时表现冷漠,因而被人责难。还有的人所体现出的个性则是这样的,他们个性沉着而富有理性,可惜在业内的声誉却很一般,评价也不是很好。造成这种恶果的根源其实很简单,因为他们从不与人广泛接触,不去深思自己的个性适合做什么,也不尝试着用有趣而富有理性的方式与人交谈。

这些人之所以如此,不外乎个性胆怯或过于内向。当然,也不排除无知或愚昧。他们往往拘泥于自己的生活范围内。殊不知,致富还包括处理与身边人的关系、与周围事物的关系。假如这些人都倾向于按照自己想要的方式去做事的话,那最好不过了,因为这是和环境相随的。

第四章
创富离不开坚强的意志力

　　狂热的欲望，会诱出危险的行动，干出荒谬的事情来。

　　　　　　　　　　　　　　　——（美）马克·吐温

◆ 意志力的强大作用

如果你希望强大而不可抗拒的意志力量能够帮助你，那么就不要妄图通过自己的主观意志去操控它。只有真诚地去理解他，领悟他，与他达成实质上的和谐一致，你才有机会被赋予这种力量，才能获得与其协调一致地去创造，去为自身理想而工作的机会，才能在最大程度上激发出你内在的潜能，从而创造出一个又一个生命中的奇迹。

倘若没有正确的引导，人体内的力量就无法得到充分合理的运用，而意志力是人体内唯一可以引导或控制这些力量的因素。因此，如果我们要想最大限度地利用这些力量，那么我们对意志力的完善发展，以及对于它在任何情况下得以运用的透彻了解都是必不可少的。

意志力作为人的意识的一部分，是遵循一定的法则与规律的。它必须遵循生命的一般规则，必须依照其本身内在的规则。如果意志力不遵循规律，它就失去了存在的目标。作为思想的一个机能，它可以作用于性格、环境和伦理。然而，它自身无处不在表明，所有的意志都是由充分理由支持的。没有理由、不循章法的意志毫无意义。不循章法的意志不能被称为自由的意志，甚至根本就谈不上意志。不循章法的意志是反复无常的。而这种反复无常就意味着人的思想非常容易受到不确定因素的影响和干扰。如果一个人处于这样一种状态，跟一个唯唯诺诺的奴隶有什么区别呢？因为他无法做到明智地采取行动，以实现一个既定的目标，走完自己选择的道路。

如果意志力不是发自内心的，那它就不是自由的。但从真正的意义上来说，"自发性"也必须是与其内在的规律性相一致。规则是自由的本质。任何自由之物之所以"自由"，是因为它的活动不会受到其内在规律的阻碍。意志力不能超越其本身，意志力也没有必要求得超脱其本身的自由。鸟儿能够自由地在天空翱翔，但却不能自由地在水下生活。飞翔是鸟的本性所决定的理由，鸟本身的缺陷并不能加在这种自由上。同样道理，个人思想的局限性，并不妨碍意志力本身的自由。

尽管我们对意志力的本质和特殊作用都有很深的了解，但要想给"意志力"下一个确切的定义却是几乎不可能的。我们已经知道，在意志力中，"本我"对个体而言是最重要的原则。这里需要补充的是，当"本我"在人体的任何一个部分发挥它的统治作用时，都会导致意志力的产生。换言之，意志力是"本我"的一种属性。只要心中有一个明确的目标并且付诸行动，抱着持之以恒的态度和决心，那么在这个过程中就悄然运用了"本我"的力量。故简而言之，意志力就是"本我"在发起一种行为，或者对已成事实的行为施加影响后产生的一种力量。

意志力的作用是多方面的，其中主要的有以下几种：作为创始人的意志力；指引的意志力；控制的意志力；思考的意志力；想象的意志力；欲望的意志力；行动的意志力；想出新的主意的意志力；将这些主意表达出来的意志力；为目标而实践的意志力；将任何力量或者才能都发挥出来的意志力；以及将天分发挥到极致的意志力。通常最后一种作用会被忽视，但是它是现实生活中取得成就或者达到目标不可或缺的。

　　为了更清楚地说明问题，我们假设你有若干种才能，这些才能都得到了很好的发展。除此以外，你还具有很多其他的能力和本领。但是这些才能怎样才能得以施展呢？答案是如果不发挥意志力的作用，他们就很难表现出来。因此意志力的运用是必不可少的。但是需要强调的是，调动起这些才能并不是意志力唯一的作用。同样为了说明问题，我们假设你的意志力非常薄弱，自然这些才能发展的原动力也就会弱。当我们明白了任何才能的发挥都需要有意志力的推动时，我们就认识到了意志力薄弱导致我们的行动缺乏魄力，做事三心二意，才能无法施展的问题。假若你的意志很坚强，那么才能发展的原动力就很强，才能施展则如鱼得水，游刃有余。

　　简而言之，倘若一项才能背后有强大意志力的支撑，则其能力和效率皆可达到事半功倍的效果；也就是说，你的才能可以发挥得更加充分，更上一个台阶。由此我们就理解了坚强意志力的重要性。坚强的意志力不仅可以将我们具有的才能发挥得淋漓尽致，还可以将我们的个性、性情和思想中的各种力量都最大限度地调动起来。但是，坚强的意志力并不是指专横或者强权。专横反而显示了意志力的薄弱，表面上看似不可一世，实为纸老虎而已，一时逞强，必不能长久。真正坚强的意志力是有深度的，有持续性的，具有坚忍不拔的品质。它要求你全身心地投入，当你开始发挥你的意志力的时候，你会感觉体内如有一股巨大的力量慢慢涌动起来，经久不息。

　　哈德克认为在某种意义上说，强有力的意志力是身体的主人，它总是借助于各种欲望或理念来指挥着我们的身躯。意志力对于躯体的支配作用常常可以在身体的控制行为中发现。有些人依赖于强大的意志力形成了良好的行为习惯，这就是意志力对人体支配的作用的证据。尽管对一些人来说，某一种习惯可能已经成为自然而然的行为了，但这常常是意志力持久地发挥作用的结果；而且意志力还很有可能在引导着这种行为，使其不断地固化为一个人的习惯——尽管人们很多时候意识不到这一点。歌手对自己的嗓音能够控制自如，是他训练有素的表现；音乐家娴熟的指法，其实也是一种坚持不懈练习的结果；技艺精湛的骑士能在各种条件险恶的情境下很好地控制自己的肢体，是因为他的大脑已经能对各种境况做出快速的、恰当的反应；雄辩的演说家能让自己的感受迅速通过肢体语言表达出来，也是同样的道理。在所有的这些例子中，都是意志力在发挥着作用，是指示某一特定目标的意志力，将具体的行动与意愿协调了起来，从而最终实现了这一目标。事实上，无论是哪一项技能，无论它有多么复杂，其中每一个具体的动作都离不开意志力的参与。它们都需要意志力来做出合乎要求的解释和指导。因而，尽管人们可能并不会自觉意识到意志力的统领作用，但意志力确实是身体的统帅，并掌握着人生的至高权力。

人的思想，可以唤醒一定程度的意志力，并用巨大的力量将这一意志力贯彻到某一具体的行为中。意志力还可以通过压抑自我的行为来创造奇迹。

哈德克认为，意志力不仅仅是指下决心的决断力，不仅是用来感悟理解的感受力，或是进行构想的想象力，而是指所有进行自我引导的精神力量本身。从某种意义上说，意志力通常是指我们全部的精神生活，而正是这种精神生活在引导着我们行为的方方面面。当人们善于运用这一有益的力量时，就会产生决心。而人有决心就说明意志力在起作用。人的心理功能或身体器官对决心的服从，正说明了意志力存在的巨大力量。

在做一件事情时，不要过分地用有意识的努力或钢铁般的意志力去施加影响，也不要过分担心、总是疑心自己所做的一切的正确性。应当放松神经，不要用紧张的力量来"干这件事"，而是在心里想着你真正要达到的目标，然后让你的创造性来承担任务。这样，心里想着你要达到的目标，最终将迫使你运用"积极思维"。但是你并不能因此就不作努力或停止工作，你的努力要用来驱使你向目标前进，而不是纠缠在无谓的心理冲突之中。这种心理冲突的结果是"想要"或者"尝试着"做某一件事时，内心想象的却是其他事情。

"在你心灵的眼睛前面长期而稳定地放置一幅自我肖像，你就会越来越与它相近。"哈利·爱默生·佛斯迪克博士说："生动地把自己想象成失败者，这就使你不能取胜；生动地把自己想象成胜利者，将带来无法估量的成功。伟大的人生以你想象中的图画——你希望带来什么成就，以一个什么样的人作为开端。"

◆ 意志力的巨大力量

人的行为在很大程度上是由他的意志力决定的，而意志力又取决于人本身，因为归根到底还是人在作选择。在这个问题上，就产生了意志力的一对矛盾：意志力具有引导自我的巨大力量，然而又必须由人来决定怎样发挥这种力量，以及用这一力量来实现什么样的目标。

我们也可以举例进行分析。假设你具有音乐天赋，如果你仅是希望可以提高一个有限的幅度，那么最后肯定不会取得显著成效。而如果你的意志力足够坚强，可以将你的音乐天赋充分发挥出来，最终你会发现你几乎可以称为音乐天才了。事实上，没有一个坚强的意志力是绝不可能成为天才的，不论你的天赋有多高。

关于这方面必须铭记的是仅仅有坚强的意志力是远远不够的。大多数人不具备坚强的意志力，而具有坚强意志力的人很多也没有掌握如何运用它以保证做事情的高效性。在这儿还需要强调一点，如果一个人可以增强其意志力，并且稍加锻炼，那么他做事的效率就有希望提高四分之一，甚至两倍。多数人所具有的能力和办事水平都是他们所表现出来的许多倍，他们利用起来的仅是一小部分。能全部利用的原因正是他们没有足够强的意志力。

还有一个相关情况也是很重要的，尤其是在外部环境不容乐观的情况下。许多人都有明确的目标，他们也有坚强的意志力确定这些目标，但是却没有足够的意志力付诸实践。也就是说，他们有意志去思考，但是没有意志行动。在此发挥一下想象力，假若所有的想法都可以转化成行动，则人类可以无往不胜，成就一切事业。人们做事都可以有一个良好的开端，却没有坚强的意志力坚持到底。所以最初站在起跑线上的有成千上万人，而最后能跑到终点的人却寥寥无几。这是在各行各业比比皆是的现象，雄辩的事实向我们提示了坚强意志力的重要性。

要想科学创富，你就不能将自己的意志强加于人。事实上，你没有权利这么做。强迫他人去做你希望的事是不对的。不管是从身体上，还是从精神上，强迫他人都是罪大恶极的事。如果说运用身体暴力强迫他人为你服务，是一种奴役的行为，那么从精神上强迫他人也是一样，不同的只是方式而已。如果通过身体暴力抢夺他人之物是一种强盗行为，那么通过精神掠夺他人也是一样，二者其实毫无差别。

意志的疾病就是"渴望安逸"，即对舒服悠闲生活的向往。意志生病的原因在于人如果受制于一些"紊乱的因素"，或者是人经不起"堕落念头的诱惑"，这里的原因既可能是身体方面的，也可能是精神或道德方面的。意志的疾病也可以被视为在某种程度上缺乏经常的行动，一般而言，经常的行动对一个人——对一个人格健全的普通人来说是正常的。而当一个人的意志出现问题时，会使他正常的个人活动发生紊乱。意志疾病究其病因，大约有两种：一种是由于自我处于某种不相宜的环境下脱离了意志力的指引和约束；另一种是由于大脑的感知、联想、推理分析的能力和道德良知处于格格不入的境况时，现实对人的影响力超过了意志力可控的范围。

即使本意是"为他人好"，你也不能将意志强加于人。因为除了自己，任何人都不知道什么是"对自己好的"。

你也不需要为了得到一些东西，而将意志强加于它们之上。这种行为无异于强加于上帝，不仅愚蠢、无用，而且还很失礼。强迫上帝赐给你美好的一切，就跟强迫太阳升起一样。

你不需要用意志来对抗上天的不公，也不需要强迫难以控制的力量听从你的命令。

智慧本体永远会与人为善，而且他更希望你得到想要的一切。

要想创富，你只需将意志力用在自己身上。

知道自己想要什么以及该做什么的时候，你就要用意志力强迫自己去想、去实现。这才是运用意志力的正确方式——让人沿着正确的路线前进。记住，要利用意志力让自己用特定的方式思考和行动。

对意志力来说，个人情感的一般模式，或者说人的机体的一般行为，往往是最关键的动力。如果没有这些方面的因素，一个人根本不可能对自己的意志力施加任何控制。正是因为这种基本状况因人而异，或稳定或多变，或持久或短暂，或强大或微弱，由此，我们才得以区分出意志力的差别——强意志力、弱意志力和中等意志力，三者之间在程度上有所不同。但是，我们在这里有必要重申一遍，这些差别是源于每个人的个性，是由他独特的天赋和素质造成的。正是由于这种因人而异的个人素质和天赋而导致了基本状况的差异，当然，这些素质是可以通过后天的教育加以改良的，这样即使意志力一开始发生反复和动摇，最终还是会稳定下来；即使一开始变来变去，最终还是会变得持久连贯；即使一开始懦弱乏力，最后也会变得强大执着。这也是作者写作这本书的前提，即意志力通过后天的训练和培养是能够增强的。

良好的意愿可能会马上实现，也可能无法马上实现，这要看一个人的智力水平和对自己智慧的把握；但是，一旦智慧开始积极地施加影响，那么意志力就可以牢牢地掌握手中的事情。

最高级的意志力显示出无所不能的、不可遏制的激情，它控制着一个人的所有思想。激情就是人的素质品性在心理情绪方面的表达。从一些历史人物身上，我们可以看到这样的典型例子，如拿破仑等，他们用伟大的激情和意志力推动了历史的进程。

◆ 善用意志力

财富不会从天而降，更不会直接蹦到你的手里。要想获得财富，你必须认识吸引力法则，并在实际中运用它。在运用过程中，你要有一个明确的目标以及坚定的意志力，这样一来你才能得到想要的一切。如果你在经商，那么你将通过各种常规渠道增加你的财富，并为你带来各种不同的机会。一旦这一法则得到彻底运用，所有你想要的东西都会自动送上门来。

对于每一个要克服的障碍，都离不开意志力，事实上，意志力并非是生来就有或者不可改变的，它是一种能够培养和发展的技能。

认识到坚强意志力的重要性，并且了解到大多数人都会意志力薄弱的情况后，你也许要问了，是什么原因导致了意志力的薄弱？意志力的薄弱是由若干个因素造成的，我们逐一来分析。

第一个因素就是酒精。酒精可以削弱人的意志力，它不仅会危害饮酒的个人，还会牵连到他的子孙后代，影响几代人。有关专家研究表明，数百年来，酒精在人类中代代相传，这是一个导致人类意志力薄弱的重要原因。对此我们可以从心理学方面找到解释。我们对各个民族追根溯源，可以发现几乎每一个民族都与酒精有着千丝万缕的联系。因为酒精对意志力削弱作用可以一代一代地往下延续，由此我们可以看出这个民族的每一个个体都会由于遗传的因素或多或少地受到影响。但是我们没必要为这一点担忧，因为不管我们遗传到多么坏的

因素，我们都可以通过后天努力将其完全克服。但是，我们也不希望
以我们自身为起点创造新的不利的遗传因素，并希望我们的后代也是
如此。

　　因此，我们有必要对其进行通盘考虑，然后做出相应行动。薄弱
的意志力具有遗传性，因此在人类史上思想的强者是可遇不可求的。
历史上，我们可以看到一些不平凡的男男女女，他们思想坚定，意志
坚强，其精神颇具感染力。而其他泛泛之辈则大多随波逐流，盲目追
随这些民族中造就的思想巨匠。然而这并不是自然界的本意。大自然
旨在使每个人都成为思想和灵魂的巨人，而不是服从他人的意愿。然
而人类却违背了大自然的这一意愿。

　　至于酒精削弱人的意志力的原因，这是很容易理解的。如果你
对任何企图控制你的欲望、感觉和意愿的物质放行，允许其进入你的
体内，那么你就是心甘情愿地将自己交由这些"外来侵略者"掌控，
自然也就对自身的意志力置若罔闻。一旦因为这些外界因素而忽视了
自身的意志，你的意志力必然遭到削弱，不论这些外界因素是什么。
因为你在无形当中已经破坏了意志力的根基，它没有力量再去发挥它
的引导或者控制作用了。如果任由这种破坏力持续下去，或者反复几
次，那么意志力的逐渐削弱直至其根基完全被摧毁也就不难理解了。

　　如果在很长的一段时间内，你都会时而将自己的感觉和情绪"托
付"给一个外界物质代理，那么你的身体就会慢慢地习惯于被其控
制，逆来顺受。即使你的意志力企图扭转这一局面也已无回天之力
了。由此我们心中的许多疑问都已找到了解释。我们明白了为什么人
类中伟大者寥寥无几；明白了为什么大多数人都抗拒不了诱惑。我们
明白了为什么意志坚定的人屈指可数；明白了为什么历史上曾经辉煌

一时的民族都无法逃避衰落的结局。

回顾历史我们会发现任何一个伟大的民族在达到了顶峰之后必然走向衰落。这一不可思议的民族力量的终结背后有着若干原因。其中有一个原因最为显著，且为其他原因之源。那就是民族中伟人的减少，这一现象是民族走向衰弱的前兆。要使一个民族保持在一个高的文明水平上，就必须以足够多的优秀人才为重心来维持这种力量的平衡，一旦这一重心被转移到其他次之的人们身上，民族的衰亡就无法避免了。由此可见，如果一个伟大的民族想要世代永存，国富民强，就必须努力培养伟大的人，并且坚持这一原则不动摇。一个民族越是强盛，对伟大之人的需求越多，这些伟大的人充当着管理和引导民族发展力量的角色。所以，如果希望将我们的文明程度提高到一个新的水平，我们对目前的当务之急也就了然于胸了。

另一个导致意志力薄弱的原因可以称之为对超然的过度迷恋。在过去的五十到七十五年间，人们像着了魔一样地相信超然，他们时时刻刻地受着超然的影响，这是很可悲的。虽然在过去的每个年代都会有许多人将自己交由超然的事物或者神秘的东西来控制，或者受其影响，但没有这个阶段如此失去理智。因此这种对超然的信任就开始代代流传，即将成为另一个导致人类意志力薄弱的遗传因素。我们现在必须努力消除这种对思想的滥用带来的不良后果。但是这并不可怕，要记住不管我们遗传到多么坏的因素，我们都可以通过后天的努力将其完全克服。

如果面对外界一些不可知或者知之甚少的力量，你放弃了自己的个性，或者放弃了思想或者精神的一部分，那么你就是向他们妥协，将自己意志力的大权拱手交给了这些外界力量的代理。你对自身意志力置之不理，从某种程度上动摇了它的地位，因此也就摧毁了意志力中自制和自控的因素。对超然力量的过度依赖，对明显地表现在以下事实上，对越然经验尤其向往的人几乎无一例外地全都缺乏自制力。这些人易受外界影响，他们往往见风就倒，他人的任何意见，环境的任何变化都会引起他们内心的躁动。

但是在这儿我们要扪心自问：我们到底是为什么而生活——我们是为了向周围环境的影响低头而活，抑或是为了完全掌握自身的能量和才能，我们不仅可以控制，改变或者改善环境，而且拥有足够强的自制力可以把自己变成我们应该成为的人。如果我们希望能够一日千里，就必须具有超强的自控能力。但是倘若我们任由自己长期地被外界因素控制，就不可能知道如何掌握自我。那些多多少少沉溺于超然经验的都是心甘情愿地将自己交由外界来掌控，因此他们日渐丢失了自我。就像我们观察到的那样，他们的性格越来越软弱，他们的道德标准与是非原则越来越模糊。他们原本自身具备的一些能力本领，如能妥善利用则可助他们有所成就，但是现在他们开发利用这些本领的能力日趋丧失，不论是在工作能力上还是办事效率上他们都退化很多。

如果一个人希望能够过自己想要的生活，如果他想要将周围环境置于自己掌控之中，如果他希望能够掌握自己的命运，他必须有魄力在任何条件下都敢于表达自我，敢于透露自己的打算；但是，除非他可以在生活中用他的意志力完全控制自己的每一个想法，每一个打算和每一个欲望，否则以上希望全归于空想。

过于情绪化是另外一个致使意志力削弱的因素。"过于情绪化"指的是情绪易于失控。愤怒、仇恨、热情、兴奋、紧张、敏感、悲伤、失望、绝望等情绪如不加控制都会对意志力产生削弱作用。因为倘或你任由内心感情肆意流淌，占据心灵，那么你就会将意志力束之高阁，而且，任何不受意志力约束的行为都会削弱意志力。经不住打击，内心脆弱会削弱意志力；垂头丧气，失望无比会削弱意志力；情绪悲伤，精神紧张或者兴奋激动会削弱意志力。一旦你任由一些消极的情绪在内心纵横驰骋，意志力就毫无立足之处。因此，我们应该万分小心，以防掉入过于情绪化的泥潭。我们绝不能允许任何情绪控制我们内心，也绝不允许自己受任何失控情绪的影响，不论何种形式。但这并不意味着我们要忽视我们的情绪。情绪对人类而言是最宝贵的财富，我们应该善待之，并且时刻享受拥有它的惬意，但是我们不能任由它深化为我们思想、心理和感情的支配性因素。

或许你会在欣赏一幅画时，迷失于它的美丽之中；或许你会在聆听一首不寻常的曲子时，醉心于它的优美，它的和谐之音会使你忘掉自我；或许你会陶醉于自然景色之美，放飞心情，飘飘欲仙。如果你对自己的情绪有很好的自制力，你就可以随时随地地享受一切美好事物。当你感觉到有一种强烈的情绪即将来临，就尽力引导这种情绪的能量流向一种更有益的表达方式，这样你就不会受它控制，而是努力去控制它，然后尽情地享受这种情绪带来的乐趣。

对于任何感觉，不论是生理的，心理的，还是精神上的，只要我们稍加控制，并且为其寻找一个更加广阔的表达方式，我们就能享受到无尽的乐趣。因此说，控制情绪只会使我们有所得而无所失。

第三个削弱意志力的因素是心理依赖性。对于外界任何人或任何事物的依赖都是对意志力的削弱。原因很简单，顺从他人的意志，从而将自身意志置于"休眠"状态。而于休眠状态的事物是不会有所发展的，而只会逐渐退化，就像身体肌肉，多日不锻炼就会毫无力度可言。这样我们就明白了什么那些教徒或者盲目顺从他人领导的人们会完全丧失意志力。在这里我们要说，如果一个人或者一群人不论在任何情况下都盲目跟随一个人或另一群人，那是完完全全错误的。

我们活着是为了有所成就。我们制定的目的，是为了更好地利用自身的思想、性格和个性。但是如果我们只是怯懦的依赖者，我们就无法调动起体内的任何因素、才能或力量让他们更好地表现出来。做任何事情，都只能依靠自己，但又要与周围环境和谐相处。甚至对于上帝都不要产生依赖，而是要学会与上帝和谐相处，共同合作。基督教的最高教义就是向我们揭示了这样的原则：任何人都不是生来就是最高权力掌中的玩物；相反，每个人都应与之具有高度统一性。这就预示着耶稣做到的我们也能做到，还能做得更好。

一个还处在蒙昧未开化的阶段的人并不是最高创造力的"作品"，只有等到他发展成为一个性格、思想和灵魂的巨匠，这才是最高创造力之所为。宗教思想中，我们总是对上帝极尽赞美之事，因为上帝创造了人类，紧接着，我们祷念颂词"我们无法超越"，这其中的荒谬无须更多的评论。但是，我们明白除了实际的生活效率，性格和人性也都是力量产生的，并非软弱。由此，我们得出结论，现代思想中的任何体系，包括宗教、道德、伦理还有哲学都有必要全部重建。

第四个导致意志力削弱的原因很宽泛，表现形式多样，无法细分，我们可以称之为"毫无节制"，就是说不懂得生活中的"适度原则"。毫无节制地沉溺于一种欲望或者一种嗜好，不论是心理上还是生理上的，都会削弱意志力。可以有一些积极的有益的欲望或爱好，但要注意适度。在任何情况下都要控制自己，做事万不可过度，因为物极必反。意志力薄弱的后果数不胜数，但其中有两点值得特别注意。

第一点是，如果意志力薄弱，则人们就很难逃脱外界的诱惑，致使道德卑微，甚至带来道德沦丧的后果。从广泛意义上讲，没有坚强的意志力就没有性格，而没有性格则是无法成就任何事业。

第二点是，意志力的薄弱就意味着思想行动力的薄弱。无论你天生能力有多强，只要缺乏坚强的意志力，你就只能运用这些能力的一小部分；很多有能力的男男女女在生活中并没有成功就是因为他们没有坚强的意志力来运用他们全部的能力。只要他们肯努力增强自身意志力并且适当加以锻炼，很快就可以转败为胜，取得显著成果，这种例子不胜枚举。只有坚强的意志力才能为你所拥有的才能或本领提供展示的舞台，也只有坚强的意志力才将你才能的发挥推到一个制高点。

一个人的意志力代表着他生活或做事的方式；意志力引导着自己的大脑，也指挥着身体的其他部分。那么怎样才能使我们的意志力变得异常强大呢？伟大的事物、智慧、意志力，都可以从个性这个概念的角度加以理解。伟大就是一个人具有非同寻常的强烈的个性特征。个性给人的天赋注入了勇气，是人性的完美体现。伟人就是把很多品质以无懈可击的方式完美而和谐地汇聚到自己身上，在他自我发展的关键时刻，适时地发挥了作用。

乔舒亚·亚伊斯教授在他的著作中说："我们不仅能感觉得到自己的所作所为和观点态度，而且往往对自己的所作所为和观点态度的重视程度是有差别的。对于有的东西，我们要注意得多一些，而对另外的东西，却要注意得少一些；在具体行动和行为方式上，我们有时选择一种倾向，有时却选择另一种倾向，以此来实现我们的目标与渴望。"

动机呼唤人行动起来实现愿望。动机无法与行动的意愿完全加以区分，因为它是产生意愿的原因。如果一定要区别动机和意愿的细微差异，最终将导致一个荒谬的结论，那就是两者几乎没有差别，因为它们实际上是浑然一体的。

尽管动机必须要有充分的理由来支持，才能唤起意志力，但理由并不是让意志力起作用的直接力量，它仅仅是一种原因。对意志力产生直接作用的施事者是人，人能够很方便地为下定决心找出足够的理由。归根到底，"人"是行为的最高统帅。

15世纪，人们知道地球是圆的，但还不知道它有多大、大海有多宽。25岁的哥伦布站在葡萄牙海岸上想：只要这茫茫大海比马可·波罗跋涉过的陆地窄一些，我就有必要搞一艘船到那盛产黄金和香料的东方大陆去发迹。通过阅读托勒密的《地理学》，他得知，欧亚大陆占据了北半球的一半，从葡萄牙出发，横跨大西洋，必定能到达印度；皮埃尔·阿伊利的《世界形象图》告诉他，隔在印度和欧洲之间的大洋不算宽，顺风航行，要不了几天就能穿越，他激动地做了2000多个旁注；马可·波罗，他的意大利老乡，说中国、印度和日本遍地都是香料，黄金用来盖房子、做窗框，他在《马可·波罗游记》上写了200多个眉批；《旧约》也成了他的参考书，其中有一句话："你应将水集合于大地的第七部分，使其余的六部分干涸。"哥伦布据此推测：欧亚非三个大陆占了地球表面的七分之六，海洋只占七分之一。因此，马可·波罗走过的是一条费力不讨好的路，人们望而生畏的海路近得出奇；他还听海员们说，偶尔有浮尸随着海风和洋流漂来，看起来既不像欧洲人、又不像非洲人。这一切激励着哥伦布的狂想。很少有人像他这样，对种种猜测和传闻那么信以为真。他刚刚脱离海盗生涯，穷困潦倒，却成天想着漂洋过海、想着无穷的黄金和显赫的地位。

他是当真的。他在葡萄牙踏踏实实地提高航海技术，熟悉各种新型航海仪器，学习现有的海图、探险故事和游记。26岁那年，他参与了前往冰岛的远航，这次探险成功后，他比过去更加藐视大西洋了。现在需要征服的是拥有财富和权势的人，他自己当一辈子海员或海盗也无力组织起一支海上远征军。

他向葡萄牙王室兜售幻想中的黄金国，要价很高：要求封他为佩戴金马刺的骑士、在他和他的继承人的姓名前冠以表明贵族身份的"堂"字、授予他海洋大将军头衔、任命他为殖民地的终身总督、从殖民地搜刮来的财富中分给他十分之一……葡萄牙王室对此计划考虑了四年，然后把它否决了。在这四年中，他的妻子去世了，他的儿子长大了。他带着儿子、航海图、某人的推荐信以及日益疯狂的雄心壮志，又前往西班牙王国。

在巴洛斯港登陆时，这父子俩衣衫褴褛、污渍斑斑，一副叫花子的模样，事实上他们的处境已经和叫花子一样了，他们连住店的钱都没有，只好在修道院借宿。见到国王时，哥伦布把符合自己想象的世界地图拿出来，试图引起国王的兴趣。国王让他回去等，他就在焦灼中苦熬着，靠宫廷的施舍和卖书报的微薄收入度日。当王后托人捎给他一笔钱、让他打扮得体面些去见国王时，又是六年过去了。

西班牙国王愿意为他组建一支船队。但是，哥伦布提出的条件让王室成员啼笑皆非，他，一个穷途末路的乞丐，竟然想一下子成为贵族、总督，将来还要和国王一起瓜分殖民地的财富。他一无所获地离开了西班牙王宫。他准备去游说另一个国家，在经过他不断的努力之后，他的狂想变为现实。在离开西班牙的路上，这个国家的使者追上了他，把他召回了王宫。然后，王室与他签订了开拓殖民地的协议，接受了他所有的条件。原来，在西班牙的内战和扩张中，许多功勋卓著的骑士和军人需要用土地来赏赐，王室没有足够的土地，哥伦布的疯狂计划，正好有助于解决这个问题。

就这样，经历了种种磨难之后，哥伦布凭借着自己坚强的意志力终于获得了成功。

◆ 靠意志力创富

在学习培养和运用意志力的过程中，我们可以领悟到意志力的重要性。清楚地明白了意志力的多种作用后，很好地运用使其将这些作用发挥出来。我们要避免一切有削弱意志力倾向的因素，并且尽一切可能增强意志力。坚决不向任何感觉和欲望屈服，直到自己可以随心所欲地操控这一感觉或欲望。自己想怎么感觉就怎么感觉，然后调动起你所有的感觉去感受。一旦心中有了一种感受，用你的意志力紧紧地握住它，引导它，从而使其更加强烈。经常有意识地调动你的意志力促使它产生最可观的效果。这种做法是很有意义的，如能每天坚持，持续一段时间之后，不但可以增强它们的功能和品质，还可以增强意志力量，这是毫无疑问的。

在赚取财富的过程中，我们不要将意志力、思想或精神付之虚无，并以此来影响他人、他事或他物。

要将精神集中在自己身上。关注自己比关注他人更能发挥力量。

一旦你想要去做一件事情，就竭尽全力去做。这样你的意志力在一个月之内即可变成原来的两倍。下定决心为目标而努力。但绝不向己所不欲之事低头。当心中产生一丝不快的念头就趁早转变注意力，想一些愉快的事情，集中精力在一些有意义的欲望追求上面。这一点尤其重要，很多的人都为没有价值的追求耗费了过多的精力，也为自己本不想的事情浪费了时间。因此当心中产生这种想法时扪心自问一下这是不是自己想要的。如果不是自己想要的，那么，就将注意力转移到其他事物上；如果确实是自己想要的，就靠着坚强的意志力把握好它，并且给予正确的引导，使其发展壮大。

在心里描绘出一幅所要之物的画面，怀抱信念和决心来支撑梦想，并利用意志力让自己按照正确的法则行事。

你的信念越坚定，决心越持久，创富的速度就越快，因为你只会将积极的信息传达给智慧本体，而不会用消极的思想来减损其力量。

无形的本体会接受你的梦想蓝图，并运用全部的力量将其最大限度地吸收。

当梦想的讯息散播开来，一切事物——不论是有生命的，无生命的，还是尚未被创造出来的——都会助你实现梦想。所有力量将朝着同一个方向聚集，万物将开始为你服务。各地的人们将不自觉地受你影响，为了你的梦想而献出力量。

不过，如果你传达出的是消极讯息，那么一切都将停止为你服务。如果信念和决心会让万众一心，那怀疑和猜忌将使你离心背德。很多人正是由于不了解这一点才导致创富失败。每当你内心充满疑惑或恐惧，每当你忧心忡忡，或是丢掉信仰的时候，智慧本体就会一步步地远离你。只有心存信念，一切才能如你所愿。

由于信念是如此重要，所以你必须要谨慎防守，避免不良思想的侵犯。由于信念源于你的所见、所闻、所感，所以你必须小心处理日常该注意的事务。

而这时候，你就需要用到意志力。只有运用意志力，你才能决定自己该注意什么。

如果你想创富，那么就不要花时间研究贫穷。

凡事只想坏的一面，不想好的一面，就不利于美梦成真。杯弓蛇影、杞人忧天，无法给人带来健康；一味研究犯罪、思考犯罪，无法伸张公正；一味怕穷，想穷，无法得到财富。

医学研究疾病，反而使疾病增加；宗教探索罪恶，反而刺激了犯罪；经济关注贫穷，却使世界沦为贫穷和不幸之地。

不要谈论贫穷，不要研究贫穷，更不要担心自己变穷。永远不要去想是什么导致了贫穷，因为那与你无关。唯一与你有关的就怎样消除贫穷。

不要花时间参与所谓的慈善活动，因为多数慈善事业不但不会给人带来幸福，反而会不幸。

我的意思并不是要你变成铁石心肠的人，或者对他人的求助充耳不闻，而是让你不要尝试用"传统"的方式消除贫穷。把与贫穷有关的一切都抛之脑后，立志做个成功的人。

创富是帮助穷人的最佳方式。

如果满脑子都是贫穷的画面，你就无法在想象中变得富有。不要阅读有关贫民窟或童工的报道，不要让不幸或悲惨填充你的心灵。

单是知道这些情况并不会对穷人产生任何帮助。大量散布不幸的讯息完全无助于消除贫穷。要消除贫穷就不能让贫穷的景象进入你的心中，而是要让穷人的心里充满代表富裕的画面。

不让不幸的画面进入你的内心，并不代表你要置穷人于不顾。

让更多的富人思考贫穷并不能消除贫穷。只有让更多的穷人建立起创富的信心和决心，才能真正消灭贫穷。

穷人不需要施舍，而是需要更多的鼓励。施舍只能让穷人暂时填胞肚子，暂时忘掉不幸，但鼓舞和激励则会让他们奋起反抗。如果你想帮助穷人，那就让自己先富起来，用自己的行动让穷人相信他们能创富。

彻底消除贫穷的方法只有一个，那就是让更多的人来学习并运用本书中的创富法则。

所有的人都必须学习用创造而非竞争的方式创富。

每个靠竞争创富的人都喜欢"上楼拔梯"，不愿让别人赶超自己；而每个靠创造创富的人则会助人为乐，激励更多的人向着自己的成功之路前进。

拒绝怜悯穷人、了解贫困、关注贫困、思考贫困，并不代表你是个冷血的人。你要做的就是，善加运用意志力，远离贫穷思想，怀抱创富的信念和决心。

简而言之，任何一个行动，不论其是否通过思想、感觉、欲望和想象而进入人体，都应该通过意志力的再次调整而变成更加高尚更加伟大的行动。思考时，要集中精力，一心一意地去想，万不可三心二意。行动时，要用尽全力，坚定不移地去做，万不可犹豫不决。也就是说，对于所思所想所做都要付出全部的精力。这样才可以说你掌握了运用意志力的钥匙，在其充分发挥之后，意志力才能得到进步的增强与发展。

深化你的心理活动和思想，也就是说，不要将思想留于表面，而是要深刻地去思考。让你的思想与行动带有深度。由此意志力的行动也会更加坚定，它在你的个性中会根深蒂固，而不会只存在于主观思想的表面。

留于表面的意志力与根基稳固的意志力的差别在日常工作生活中处处可见。假若你想做一件事，但是你的行为决策受到他人意见的左右，这就说明你的意志力还仅停留在表面，意志薄弱。但是如果你的主意已定，任何人都无法动摇你的决心，那么就说明你的意志力达到了一定深度。越是容易受外界干扰，说明意志力越薄弱；而意志力载满坚强，受外界干扰的影响就会越小。意志力坚强时，你会从心底自发地想要锻炼自身的自制力，对于外界事物你总会"旁观者清"，但却不会陷入其中，被其困扰。

培养意志力时，要尽可能地向深处挖掘，将其根植于你的内心。也就是说，不要让意志力的行动留于表面，而要让它变成你个性的一部分。试着感受一下，是内心的"本我"在锻炼你的意志力，然后要记住"本我"会永久地占据着完全自制的最重要位置。这种令人振奋的力量持续在心间就会使你的意志力越来越走向内心深处，并且成为你思想中的最高准则。你的意志力会不断增强，这种意志力可以帮助你对更真实的自我进行有意识的控制，通过这种控制你所拥有的全部力量都将处于你的掌控之中。

◆ 时刻关注财富

如果以前遭遇过财务危机，请不要再想，也不要再谈论。不要谈论自己的父母是多么不易，也不要谈论自己早年有多悲惨。做这些事只会让你在心里将自己归为穷人，而且会阻碍好运降临到你身上。

耶稣曾说："要把往事置之脑后。"

要把一切与贫穷有关的往事抛之脑后。

你已经接受了一个绝对正确的理论，并将自己的幸福和希望寄托在了这个理论上，那么再去了解一个与它相反的理论对你有什么好处？

不要阅读宣扬世界末日即将到来的书籍，不要阅读宣扬消极言论的文章，也不要去读相信魔鬼的悲观哲学家们的著作。

世界不会屈服于恶魔，而会臣服于上帝！

未来的日子将无限美好！

的确，世间不可能事事都尽如人意，但不好的事情终会过去。如果一味沉溺其中，不幸不仅不会消失，反而会继续纠缠我们不放。如果是这样，为什么还要去研究它们呢？如果忘掉不幸可以让我们加速成长，那为什么还要将精力浪费在那些势必会消失的东西上呢？

无论那些国家或地区的状况有多么糟糕，如果总想着他们的不幸，就会浪费自己的时间，丢掉本该抓住的机会。

你应该关注世界上美好而富有的一面。

你要相信世界将越来越富有，越来越先进，而不是越来越贫穷，越来越倒退。你要记住，让世界变得富有的唯一方法是通过创造而非竞争让自己先富起来。

要时刻关注财富，忘掉贫穷。

想到或谈到贫穷之人时，要相信他们正走向富裕，而且要相信他们不愿接受施舍，更愿接受喝彩。只有这样，其他人才会受到鼓舞，并开始自己寻找出路。

让你一门心思地关注财富，并不是让你变成利欲熏心的小人。

"成为真正富有的人"应该是人一生中最崇高的目标，因为它包含了一切，也囊括了一切。

通过竞争的方式创富，只会让世界变得钩心斗角、尔虞我诈，但通过创造的方式创富，一切都会有所改变。

创造性的创富将会使一切伟大、崇高的行为应运而生，世界上的一切东西都将为人所用。

如果你的身体不够健康，你就会发现其实身体好坏也取决于财富的多少。

只有那些没有经济负担，无忧无虑地享受健康生活方式的人，才能保持健康的体魄。

只有不为生存而竞争的人，才是一个精神和道德双重高尚的人。而只有通过创造性思考创富的人，才能远离竞争的影响。如果你很注重家庭幸福，那么请记住，只有在高雅、高尚、不受世俗影响的自由家庭氛围中，爱的花朵才能绚烂绽放。

你必须集中所有精力，一心扑在财富梦想的蓝图之上，绝不能让蓝图有一丝模糊，更不能对它有所怀疑。

你必须学会透过表象看本质的本领，你必须看清楚在各种貌似错误的表象的掩盖下，世界上那些伟大的生命体是如何孜孜不倦地探寻更完整的生活方式，追求更高层次的快乐，追求更彻底的幸福。

世上本没有贫穷，只有财富。这就是真理。

有些人之所以穷困潦倒，正是因为他们并不知道他们其实也是某些财富的拥有者，而你白手起家创造财富的亲身经历和致富故事，就是帮助他们明白这一事实的最强有力的例证。

还有一些人，他们之所以贫穷，是因为他们虽然能够感觉到世上有摆脱贫穷的出路，却因为思想的极度懒惰，而不愿意投入寻找出路并将其付诸实践所必需的精力和思想。要想帮助这些人彻底摆脱掉贫穷的幌子，最好的方法就是想尽办法为他们展现财富所带来的幸福和快乐，最大限度地勾起他们对财富的欲望。

另外有一些人，他们之所以贫穷，则是因为虽然他们也明白致富的道理和方法，但是却由于沉迷于玄学和某些神秘的理论无法自拔，从而丧失了理智而迷失了方向。他们尝试着接受各种不同的思想体系，可最终却让自己的思想成了一团糨糊，失去了理智的判断力。要想拯救他们这群迷途的羔羊，最好的方法就是用你自己的亲身经历为他们指明正确的方向。事实胜于雄辩。

因此，成功创富，让自己变得充实而幸福，并不断帮助自己获取财富，过上幸福完整的生活就是你对这个世界最大的贡献。

回报生活和他人的最有效的方法就是让你自己先富起来，不过，请记住，是通过创造致富，而非竞争。

此外还有一点是我一直都很强调的，即本书给出的致富科学的一些基本原则。如果这些原则全都正确的话，那么，你就完全没有必要再去阅读任何其他同类题材的书籍了。这听起来的确有些狭隘，或者说夜郎自大。但是，请你想一想：数学中的算法无非是加、减、乘、除四种，任何运算都跳不出这个范畴。我们都知道，两点之间直线最短。所以，最直观、最简单、能够最快到达终点的思维方式就是最科学的思考方式。在这个世界上，再也找不出比本书更简略，或者说更简洁的"思维体系"了。书中所述真可谓是一字千金，字字珠玑，句句都是真理。所以，当你开始按照书中的方式进行思考和行动时，请立刻将其他一切方法都抛诸脑后，永远不要再记起。

要保证，将书中的内容铭记于心，从而保证自己绝对不会受到其他任何"体系"或理论的影响。一旦让它们侵入你的思想，你就会开始感到怀疑，犹豫，彷徨，而各种错误也会随之接踵而来，以至于各种尝试都以失败告终。

可是，当你已经实现了致富理想之后，你大可无所顾忌地去学习其他思想体系。不过，除非你能够十分肯定自己已经再无所求，不然，就一定不要阅读除本书以外的任何同类题材的书籍。

同时，你还应当确保只阅读那些以乐观观点缩写的新闻评论，以及那些与你的蓝图氛围相吻合的报道。

毋庸置疑，你应当停止任何有关神秘学术的研究，也绝对不要涉猎任何关于通神论、唯灵论及其相关学术的书籍。那些书很可能会告诉你，那些死去的人们从来都未曾真正死去，他们一直都生活在我们身边。即使事实真是如此，那么，也请你彻底抛开那些已经离开你的人，将时间和精力集中在自己的生活上。

无论那些逝者的灵魂在哪里，他们都有等待他们去完成的工作，以及亟待解决的问题，而我们没有任何权利去打扰他们平静的生活，正如他们无权干涉我们的生活一样。我们无法对他们施以援手，至于他们是否能够帮助我们，我们是否有权利在他们许可的情况下占用他们的时间，所有这些全都是很值得怀疑的问题，逝者如斯夫。你需要做的就是解决自己的问题：创富。一旦你的思想受到了那些神秘玄学的影响，你的梦想就好比一只驶入暗礁区的小船总有一天会触礁而沉。一旦你的思想被神秘玄学混淆视听，你的心灵之船就会迷失方向，而你的希望也将因此而破灭。

有一种会思考的源物质，世上所有事物的形成皆源自于它。最初，这一物质是宇宙的填充物，宇宙的每一丝空隙都由它占据着。首先，在这种物质当中出现了思想；接着，思想再按照其想象的模式制造出世间万物。

人类的思想可造万物，而且通过让自己的思想作用于无形的源物质，人类就能够将脑海中的想象变为现实。

为了让这些信念根植于我们的脑海中，人类必须首先转变思想，彻底抛弃那些不正当竞争的观点，同时引入创造的观念。对于自己向往的一切，每个人必须首先绘制一幅清晰的蓝图，而坚定的信念和不变的目标就是我们守护这幅财富蓝图不受侵害的最有效的武器；拒绝一切有可能会动摇我们的目标，侵蚀我们的信念，让蓝图变得模糊不清的思想和物质。

除此之外，正如之前曾反复强调过的，我们必须按照某种特殊的方式生活和思考，并不断付之于行动。

第五章
创富离不开强大的自信

君子爱财，取之有道。

——谚语

◆ 创富过程，离不开坚强的自信

在我们的创富过程中，如果我们没有坚强的自信，就什么也做不成。只要我们有坚强的自信，哪怕是再大的挫折、再大的难关也能渡过。

如果你是那种没有毅力的人，你将放弃生活对你的每一次推动。这样的话，你的一生将就同所有平庸的人一样碌碌无为，稳稳当当地过着每一天，没有波澜，也会像你周围那些平庸的人一样在无聊中虚度光阴，直到寿终正寝。

如果我们展示给人的是一种自信、勇敢和无所畏惧的印象，如果我们具有那种震撼人心的自信，那么，我们的事业必定会获得巨大的成功。这就像励志大师哈奈尔所说："愉悦的念头就像暖风，才能、信心、勇气、希望就是这样的暖风，它们能给太阳丛升温，使太阳丛不断扩张；烦恶的念头就像寒流，会削弱太阳丛的光芒，使骄阳失色。而恐惧就是太阳丛最大的敌人，恐惧是一个贪心的恶魔，它不停地扩展它的疆土。你一旦感染上恐惧，它就会在你全身扩散，使你每时每刻都处于它的控制之下，让你恐惧每一件事和每一个人。只有彻底打垮、消灭这个敌人，太阳丛的光芒才不会被乌云遮蔽，才能光芒万丈，你也就能找到力量、活力和生命的源头，找回久违的快乐。太阳不需要光和热，因为它本身就在散发着光和热。拥有太阳的人，将不停地向外界辐射自己的勇气、信心和力量。他们凭着对自成功的执着追求，把障碍砸得粉碎，勇敢地跨越恐惧摆放在前进道路上的怀疑，坚定地跃过犹豫的沟壑，走向成功。归根到底，产生恐惧的原因是自己不够强大，缺乏自信心。只有当你发现自己真地拥有了无限的力量，并通过实践证明了这种强大的思想力量能够战胜一切不利因素，从而自觉地认识到这种力量的时候，恐惧才会不攻自破。因为此时，你比恐惧更强壮有力。"

如果我们养成了一种必胜信心的习惯，那人们就会认为，我们比那些丧失信心或那些给人以软弱无能、自卑胆怯印象的人更有可能赢得未来。

如果有坚强的自信，往往能使平凡的人们做出惊人的事业来。胆怯和意志不坚定的人即便有出众的才干、优秀的天赋、高尚的性格，也终难成就伟大的事业。

一个人的成就，绝不会超出他自信所能达到的高度。如果拿破仑在率领军队越过阿尔卑斯山的时候，只是坐着说："这真是一座难以跨越的高山。"无疑，他的军队永远不会越过那座高山。所以，无论做什么事，坚定不移的自信力，是达到成功所必需的和最重要的因素。

坚定的自信，便是伟大成功的源泉。不论才干大小，天资高低，成功都取决于坚定的自信力。相信能做成的事，一定能够成功。反之，认为不可能做成的事，就绝不会成功。有一次，一个士兵骑马给拿破仑送信，由于马跑的速度太快，在到达目的地之前猛跌了一跤，那马就此一命呜呼。拿破仑接到了信后，立刻写封回信交给那个士兵，吩咐他骑自己的马，火速把回信送去。那个士兵看到那匹强壮的骏马，身上装饰得无比华丽，便对拿破仑说："不，将军，我这一个平庸的士兵，实在不配骑这匹华美强壮的骏马。"

拿破仑回答道："世上没有一样东西，是法兰西士兵所不配享有的。"

世界上到处都有像这个法国士兵一样的人！他们以为自己的地位太低微，别人所有的种种幸福，是不属于他们的，以为他们是不配享有的，以为他们是不能与那些伟大人物相提并论的。这种自卑自贱的观念，往往成为不求上进、自甘堕落的主要原因。

有许多人这样想：世界上最好的东西，不是他们这一辈子所应享有的。他们认为，生活上的一切快乐，都是留给一些命运的宠儿来享受的。有了这种卑贱的心理后，当然就不会有出人头地的观念。许多人本来可以做大事、立大业，但实际上竟做着小事，过着平庸的生活，原因就在于他们自暴自弃，没有远大的理想，对自己没有坚定的自信。

如果我们去分析研究那些成就伟大事业的卓越人物的人格特质，很容易就能得出一个结论：这些卓越人物在开始做事之前，总是具有充分信任自己能力的坚强自信心，深信所从事之事业必能成功。这样，在做事时他们就能付出全部的精力，排除一切艰难险阻，直到胜利。

玛丽·科莱利说："如果我是块泥土，那么，也要预备给勇敢的人来践踏。"如果在表情和言行上时时显露着卑微，每件事情上都不信任自己、不尊重自己，那么这种人自然得不到别人的尊重。

造物主给予我们巨大的力量，鼓励我们去从事伟大的事业。而这种力量潜伏在我们的脑海里，使每个人都具有宏韬伟略，能够精神不灭、万古流芳。如果不尽到对自己人生的职责，在最有力量、最可能成功的时候不把自己的本领尽量施展出来，那么对于世界来说都是一种损失。

与金钱、势力、出身、亲友相比，自信是更有力量的东西，是人们从事任何事业最可靠的资本。自信能排除各种障碍、克服种种困难，能使事业获得完满的成功。唯有自信，才是成功之本，才是财富之本。

据说拿破仑亲率军队作战时，同样一支军队的战斗力，便会增强一倍。原来，军队的战斗力在很太程度上基于士兵们对于统帅的敬仰和信心。如果统帅抱着怀疑、犹豫的态度，全军便要混乱。拿破仑的自信与坚强，使他统率的每个士兵增加了战斗力。

这就是自信所产生的力量，这正如一位伟人所说："信心是生命和力量，信心是奇迹，信心是创富之本。只要有自信，你就能移动一座山。只要你相信能成功，你就一定能赢得成功。这是因为：信心是心灵的第一号化学家。当信心融合在思想里，潜意识会立即感受到这种震撼，把它变为等量的精神力量，再转送到无限的智慧的领域之中促成成功思想的物质化。"

如果我们展示给人的是一种自信、勇敢和无所畏惧的印象，如果我们具有那种震慑人心的自信，那么，我们的事业就可能会获得巨大的成功。

如果我们养成了一种自信的习惯，那么在别人看来，我们就会比那些丧失信心或那些给人以软弱无能、自卑胆怯印象的人更有可能赢得未来，更有可能成为一代富有者。换句话说，自信是在致富心理要素中非常重要的，只有我们建立了自信，才能获得他人的信任，而要使他人相信我们，我们自身首先必须展现自信和必胜的精神。

红顶商人胡雪岩有句名言："立志在我，成事在人。"这跟带有宿命论色彩的"谋事在人，成事在天"有本质的差别，一个成功的商人必然有"立志在我，成事在人"的大自信。胡雪岩正是具备了这种非凡的自信，才使他成了红极一时的著名商人。

胡雪岩创办阜康钱庄，从外部环境来说，当时由于太平天国起义，国家正处在战争之中，战争往往给一个地区带来的是动荡与混乱，而且太平天国活动的主要区域，也正是长江中下游地区的东南一带。而当时国内的金融业主要还是山西"票号"的天下，在东南地区后起的镇江帮经营的钱庄业，无论业务经营范围，还是在商界的影响，都远逊于山西票号。从自身条件看，胡雪岩此时除了在钱庄学徒的经验外，实际上是一无所有。但他踏入商界之初第一件为自己考虑的事情就是创办自己的钱庄——即使此时他还两手空空，身无分文，但他还是轰轰烈烈地把自己的招牌打了出去。此时的胡雪岩所凭借的就是他的那份大自信。他相信凭自己钱庄学徒的经验，凭自己对于世事人情的了解，凭自己精到的眼光和过人的手腕，当然也凭借已入官场可做靠山的王有龄的帮助，他足以支撑起一个第一流的，可以与山西票号分庭抗礼的钱庄。就凭着这股子自信，他开钱庄的愿望实现了。

在他的生意面临全面倒闭的最危急的时刻，他却不肯做坑害客户隐匿私产的事情。因为他相信自己虽败不倒，胡雪岩曾经豪迈地说过："我是一双空手起来的，到头来仍旧一双空手，不输啥。不仅不输，吃过、用过、阔过，都是赚头。只要我不死，我照样一双空手再翻过来。"这更是一种能成大事者的大自信。

当然，我们并不能以为只要有了自信就一定能够成功，有大自信就必须有大成功。能不能真正地获得成功，能不能创造更大的财富，确实还需要许多方面的条件，比如主体是否真正具备能成就大事业的能力，比如是否具备某种必不可少的成就一番大事业的客观情势，也就是人们通常所说的天时、地利或时势、机遇。但是，不可否认，自信，无论如何也是一个人成就一番事业的必不可少的前提条件。

自信方能自强。能自信，才能有知难而进的斗士勇气，才能有处变不惊、临危不惧的英雄本色。说到底，一个人的自信心，实际上是他能为某个高远的人生目标发奋图强、努力拼搏的内在支撑。

成功的大商人、企业家、政治家或者战场上的将军都是欲望强烈且十分自信的人，他们靠实力证明自己的才能。一个人活在世上，必须在重要场合显得自信，才能让人佩服。这是胡雪岩作为一流大商人的性格特点。的确，正是因为胡雪岩有了大自信，他才有了大志向，最后才使他获得了大成功。

◆ 与人分享财富

创富心理学指出，如果一个人要在经济领域获得一定的地位，就必须学会与人分享自己的财富，分享自己的成就。西方的一些学者甚至指出：美国是世界上最富有的国家，因为它资助的公、私慈善机构比世界上其他所有国家加起来还要多。20世纪的亿万富翁洛克菲勒说得很好："把给予看成是特权，而不只是责任。"为什么说它是一项特权呢？因为学会与人分享是创造财富的润滑剂。

有一个故事，讲的是有两个准备转生投胎的人来到上帝面前，上帝说："你们当中有一个人是要做一个索取的人，而另一个人是要做一个给予的人，你们愿意如何选择？"

第一个人想索取就是不劳而获、坐享其成，太舒服了。于是他抢着道，他要过索取的人生。另一个人也没有别的选择，于是只好做了一个给予的人。

上帝满足了两人的选择。第一个人来生做了一个乞丐，整天索取，接受别人的施舍；第二个人则成了大富翁，布施行善，给予他人。

这个故事如果从心理学的角度来看，就是奉劝我们不要只图享受，也要学会与人分享。一个懂得与他人分享的人，就会一直和别人分享；贪求索取，就永远要索取。给予的越多，收获的也越多；索取的越多，收获的就越少。

人的一生，为他人付出的越多，他的心灵就越富足，他就越过得胸襟坦荡，泰然自若。而一个人给予的越少，他的心灵就越干枯，他就越过得心神不宁，惴惴不安。

给予是创造长期财富的基础，给予会启动宇宙。给予者会有所收获，金钱会源源不断地投入那些乐意分享的人们的怀抱。

1975年，比尔·盖茨在美国西雅图创建了微软公司，而此时他才年仅19岁。在不到25年的时间里，他成了世界上最富有的人。他是怎么做到的呢？是他和其搭档艾伦赶上了好机会吗？或者是他们有超常的才智、观察力和动力？或者是他们运气好，有超常的勇气和精明的经营本领？这里，我们应该问的不是"他们是怎么做到的"，而是"他们为什么会成功"。

还有一个值得我们思考的问题就是：是不是比尔·盖茨早在1975年就预知到计算机革命将要成为一个"大事件"？他是无意中将偶然相遇、伙伴关系及创意和谐地结合在一起，从而推动微软的发展吗？他就知道在不久的将来，他所领导的微软公司在全世界会有5万多员工吗？他知道比尔及梅琳达·盖茨基金会会成为世界上最富有的慈善机构，并为全球的健康和教育事业捐献了上百亿美元吗？

百万亿美元的创意从何而来？它们来自于人类的聪明才智。人类的聪明才智又从何而来？我们认为，超自然之力是亿万创意的源泉，如果一个人能够将这个创意置于自己的头脑中，就注定与其他很大一部分人不同。

先有鸡，还是先有蛋？是先赚了钱才有捐赠的创意呢？还是这个创意使企业成了一个潜在的给予者，企业获得了成功，然后捐赠了大部分的利润呢？因为他们明白：最大的给予者拥有最好的创富意图。而这个致富理论对所有的人都适用，不管他是专业人士、工薪阶层，还是商人。因此，每个人都应该树立致富的目标，努力成为一个卓越的人。

不管你是一名医生，还是一名教师，只要你立志成为一个卓越的人，能够给他人的生活带来进步，他们就会被你吸引，聚集到你的身边；而你也将因此致富。一名医生，如果他立志成为一名医生，并且对自己的信念坚定不移，全力以赴付诸实践，最终他就会把握生命的奥妙，把健康带给他的病人。他的身边就会聚集越来越多的希望得到健康的人。可想而知，这位医生的事业也就如日中天了。

比起医生这个职业，没有哪个职业有更多的机会实践着这个理念。如果他想致富的话，他就必须立志成为最大的给予者，只有这样，他才能得到一些伟大的想法。

写到这里，我们就很有必要阐述一下西方国家对创富心理学的影响。在这些国家，每一项支出都是投资，给予和分享都被看成是一种投资，在他们看来，只有将钱存在银行里，或者是投入到能够给他们带来回报的领域，他们才算是一种成功。

事实上，不要计算你的给予和分享会给你带来多少财富，也不要想着你的付出会给你更多的报酬。我们建议你不要这样看待给予、纳税以及慈善捐赠。我们要明白一点，不要想着你的慷慨的给予是为了得到更多的回报。

现在，有13亿的人靠着每天不到1美元的收入在维持生计。世界上一半人口每天消费不到两美元，和他们相比，你已经非常富有了。只是因为你和自己城市或国家的那些精英们比房比车，才觉得自己非常的贫穷。但是，和世界上的其他人相比，你也算是一个富有的人。世界上的很多穷人愿意用肾交换你所拥有的东西，可想而知，他们的经济有多么的困窘。事实上，你已经从心灵深处得到了一笔巨大的财富，因为你拥有健康、自由权、创造力及很多机遇。你已经是一个非常幸福的人了，你应该去寻求内心的平静。

到此时，从心理反应来看，你应该对你现在所拥有的一切心存感激，并在你的余生中将它们不求回报地捐赠出去。只要充满着这种感激之情，你的创富梦想就要实现。

当你的给予真正成为一种特权而不是投资的回报，你的内心就能洞察到，你会支配金钱，并赐予你更多。

塞缪尔·巴特说过一个故事，最好地说明了这个观点：

"在爱热汶，"他说，"从前有个人为纺织品贸易做出了突出贡献，他使毛纺品的成本大大降低，为社会创造了巨大财富。人们认为他的功劳简直堪比十个慈善家。爱热汶的人民对于那些为社会做出突出贡献的人极其重视，他们认为一个人如果一年创造的财富总额超过了两万英镑，就该免除他的所有税款，给予他极大的尊敬，将他看作上天对他们城邦的恩赐而不去惊扰他。他们说：'相比社会能够给予他的回报，他做出的贡献是多么巨大啊！'"

因果规律从来都在有条不紊地运行着，给它一些时间，你一定能得以应有的回报。同时，还感激上帝将数以万计的福特们、爱迪生们、伯班克们降临人世，他们不仅创造了巨额财富，并使全人类从中受惠，从此世界处处充满欢声笑语。

事实上，每一项有价值的事业其真实目的，在于将上天的礼物分配到每个人的手里。

因此，当你考虑自己的工作、计划时，不妨参照这条标准。如果你想得以财富，问问你自己——"我能将上帝看作一个银行家，过去跟他要钱，告诉他我的目的不过是为了自己的享乐吗？我能诚实地跟他保证吗？保证我的初衷不过是为民造福——为他们带去更多一点儿的财富、提供更多一些服务，使他们的生活哪怕只是比现在舒适、便利、开心一丁点儿。"

不要误解了我的意思。你当然有权为了自己而赚钱，以满足你日常工作生活的开支。你也完全有权利得到你高兴要的东西，在你不侵害别人利益的前提下。此外，你还尽可以要求更多、只要你懂得如何使它们得以合理的运用，但你首先总得有所付出吧。

有了好的创意、切实的想法，钱财自然会跟随你，就像铁钉自然会去吸附磁铁一样。这时，你尽可以充分发挥展示你的理财能力，将每一笔钱花费运用到极致。

所以，首先想想怎样创造财富吧，想想怎样为社会提供它所需要的东西。你可以通过你的创意来吸引投资人，获得你所需要的资金。用不着害怕，也用不着担心他是否会欣赏你的方案，你只要竭尽所能做好自己该做的就行了。

只要你有了点子，就要毛遂自荐。没必要等到所有资金都已筹备完毕了才来实行自己的计划。许多在今天已经取得相当成就的事业，它们的创始人当初有谁是万事俱备的？尽管调动起你的智慧吧。你的成功来自于你对它最大程度的运转，成败取决于你自己。

◆ 永不言败的拼搏精神

社会心理学家指出：由于自然和社会的现实与我们的认识程度之间存在某些偏差，所以我们在认识和改造世界的过程中，失败是不可避免的。承认失败的客观必然性，勇敢地面对失败是我们走向成功的唯一正确指南。

有一人毕业于某商学院，后在一家矿业公司连续干了五年的速记员工作。由于"任劳任怨，不计酬劳"，他很受青睐，很快被提升为该公司的总经理。然而不久，因他的老板宣告破产，他失去了工作。

他的第二个工作是在一家木材厂担任销售经理。尽管他对木材生意一无所知，但凭着他的处世良方"任劳任怨，不计报酬"，很快使销售业绩上升，他本人也晋升得很快。他又感觉到了处在"世界最高峰"的舒畅。然而命运之神再次捉弄了他。后来因为经济大恐慌，一夜之间，使他的事业成为空中楼阁。他分文未剩。

但是他没有丧失信心。转而一边研究法律，一边当一名汽车推销员。销售木材生意的经验，很快使他的销售业绩飞跃起来，使他获得进入汽车制造业的良好机会。他开设了一个汽车技术工人训练班，把一般的工人训练成专业技术工，极有成效，这使他每月有1000多美元的纯收益。他再度觉得自己又"功成名就"了，当时他依旧认为，所谓的成功就是金钱和权势而已。然而好景不长，由于他债台高筑，他的事业被银行接管了去。他从一个有1000美元收入的人，突然间又成了不名一文的人。

这几个短暂的挫折在他的一生中是一笔最大的财富。因为它们迫使他不断扩充自己的知识，从一个行业到另一个行业积累了更丰富的经验。

他的第四个工作是到一家世界上最大的煤矿公司当首席法律顾问的助手。但过了一段时间，他提出辞职，原因是那项工作太容易了。太容易的工作容易导致养成懒惰的习惯。只有经过不断努力和奋斗才能产生力量与成长。这种力量与成长一旦停止，就会造成虚脱与腐败。

他的新起点选择在竞争异常激烈的芝加哥。一个人是否具备真正创业的潜能，可以让他到芝加哥试一试。他在芝加哥打响的第一炮是任一所函授学校的广告经理。他对广告所知不多，但凭着前几次创业的经验，他很快又东山再起：两年赚了5200美元。

在这家函授学校担任广告经理时，他出色的表现很令校长佩服，校长鼓动他与自己联手干糖果制造业。他们成立了"贝丝·洛丝糖果公司"，他出任该公司的第一任总裁。他们的事业扩展极为迅速，利润也相当丰富。他又认为自己接近成功了。

然而，就在他自我陶醉的时候，他的合伙人却因伪造罪名，使他很快赔光了在这家公司所有的股份。他只有再次转行，到芝加哥中西部一家专科学校教授广告与推销技巧。

教学事业搞得很成功。他在这所学校里开了门课，同时主持了一所函授学校，几乎在世界上每个英语国家中，都有他的学生存在。尽管其间经历了第一次世界大战的破坏，但他的教学事业仍蓬勃发展。他再度认为自己又接近了成功的终点。

接着，又来了一次大征兵，学校中的大部分学生都被征召入伍了，他也投入到了为国家服务的行列。

这是他生命中的第六个转折点。

战争结束后，他思绪万千，很有感触。1918年12月11日，他又走上了另一条道路：从事写作。这对他来说，是一生中最值得骄傲的事。很奇怪的是他在进入这一行业时，从来没有想到去探求它的尽头是否存在着重大的权力，以及无数的金钱。他第一次明白了生命中还有一些比黄金更值得追求的东西，那就是：对这个世界提供力所能及的最佳服务，不管你的努力将来是否只为自己带来一分钱的报酬，甚至可能连一分钱的报酬也没有。

他开始了长达20年的潜心研究，研究世界500位成功名人成功的经验。用了20年的时间，他完成了具有划时代意义的八卷本《成功规律》，成为激励千百万人获得财富、获得成功的教科书，他同时也成为在美国社会享有盛誉的学者。

"你千万不要把失败的责任推给你的命运，要仔细研究失败的实例。如果你失败了，那么继续学习吧。可能是你的修养或火候还不够的缘故。你要知道，世界上有无数人，一辈子浑浑噩噩、碌碌无为。他们对自己一直平庸的解释不外是'运气不好''命运坎坷''好运未到'。这些人仍然像小孩那样幼稚与不成熟，他们只想得到别人的同情，简直没有一点儿主见。由于他们一直想不通这一点，才一直找不到使他们变得更伟大、更坚强的机会。"

事实上，每个人的人生都充满了玫瑰色的幻想和美好的憧憬，又有谁不希望自己能够有出息、前程似锦呢？但是，现实生活中往往事与愿违，难免都会碰到一些各种各样的挫折和失败。

当你初步入社会，只要你有所追求，失败总会伴随着你，成为你人生中最深刻的体验。每一次失败对我们来说，都是一次考验，失败的结果可以导致一个人丧失斗志，也可能导致一个人发奋图强。这正如钱学森所说："没有大量错误做台阶，也就登不上最后正确结果的宝座。"那些失败了不气馁、又重新振作精神继续干的失败者，比之轻而易举的成功者要值得尊敬得多。

面对失败，我们应该不怕失败，对失败有足够的心理承受能力；正视失败，不断认真总结失败的教训，以利再战。

当一个人面对失败时，若是产生自怨自艾的想法，将会招致严重的挫折感。这就是极度脆弱的心理现象！在研究刘永行的成功与失败时，我们不难发现，一个真正懂得生活的人，他会常常告诫自己，在失败的时候要敢于面对失败，正确地对待失败，战胜失败，让失败成为自己成功的基础。

当然，失败对人也有激励作用与消极作用。以利而言，失败能引导一个人产生创造性突进，即增强韧性和解决问题的能力。以弊而言，失败会造成心理上的伤痕和行为上的偏差，甚至有可能造成成长环节的缺陷。只要你以积极的心态面对失败，就有可能更好地解决你所面临的问题。

八佰伴的创始人和田良平是一个面对逆境而有非凡定力的人，他是一个在跌倒之后能迅速爬起的不畏失败的人。

八佰伴在日本国内，虽竭力扩充其影响，开设店铺，但实力究竟不及大荣和伊藤羊华堂等大公司，未能在日本经济高速发展的时期，发展成日本流通业的最大集团，在东京等全国一流大城市发展事业。

这几乎成了和田良平的终生憾事。这一结局，其实有基础、资金等多方面的原因，为人力所难及。但和田良平却从不将责任推诿于客观原因。

他积极地在失败要困难中寻找主观的因素，即使在声名显赫之后，亦不讳言自己的遗憾与责任，他也会说："可以说八佰伴也遇上了好机会，然而十分令人遗憾，因为动手迟了，再加上我自身的能力不够，没有能抓住机会。"

对于这翻检讨，并非只是做个"谦虚"的高姿态，而是发自肺腑的反省和思索。这番过谦的揽过，使他从中汲取了极有益的营养。

一直到后来，在香港、在新加坡、在马来西亚等国家和地区，甚至是在一个个经济振兴发展的东南亚国家，他都成功地运用了这样的经验，再也没有错失过任何一个良机，从而取得了一个又一个的辉煌成功！使得八佰伴的规模在几年间得到了迅猛的发展！

很多人在创富的过程中走向了失败，并不是由于自己的失误，而是他们在心理上失去了自我。他们不再进取，只是源于心理中的一些弱点。他们中的不少人缺乏坚忍的意志，或者缺乏决断力和勇气。

如果这些不幸的人能再坚持一下，也许就可以获得成功了。但他们没有那样做，这在创富心理学中我们把它称之为"向目标示弱"！

像这样的人几乎随处可见，因而他们一生都在做着一些简单平常的事情，并且为此而十分满足。实际上他们是完全有能力干一些层次更高的事情的。

◆ 财富和我们只剩一步之遥

我们遇到挫折与失败的时候，我们一定要像荣海一样找准问题的关键所在，正确认识挫折，然后从头再来，我们就一定会重新取得成功。

在某个特定的时刻，我们只有敢于舍弃，才有机会获取更长远的利益。即使遭受难以避免的挫折，我们也要选择最佳的失败方式。

成功与失败是每一个人在人生征途中必须经历的过程，人生的路途遥远，每个人的成功背后，都有无数个失败的经验以及一段辛酸的历程。值得学习的是他们并未被失败所击倒的精神。俄国伟大的作家托尔斯泰就是从一次又一次的挫折中站起来，重新审视自己，才成了文学泰斗。

人生中不在于没有失败，只在于绝不被失败所击倒。什么叫成功？成功者不在于跌倒的次数有多少，而在于总是比跌倒的次数多站起来一次。

如果从思考的角度来看挫折，我们可以发现：正确思考往往蕴含于取舍之间，因为不这样做，就那样做，是由一个人的思考力决定的。不少人看似素质很高，但他们因为难以舍弃眼前的蝇头小利，而忽视了更长远的目标。成大事者有时仅仅在于抓住了一两次被别人忽视了的机遇，而机遇的获取关键在于你是否能够在人生道路上进行果敢的取舍。

导致失败的最常见原因之一是，人们往往在暂时的挫折面前退却。每个人都会或多或少地犯这个错误。达比的叔叔，在淘金热时期也曾热衷于此，因此到西部淘金，希望能发财。他不知道，更多的黄金来自大脑这个矿藏，而不是来自地下。他圈出一块地，拿起锄头和铁铲就开始埋头挖掘。辛苦挖掘了几周后，他终于看到了闪闪发光的矿石。但是他缺少将矿石运出地面的器械，于是悄悄地把矿藏掩盖起来，然后顺原路回到了马里兰州的威廉斯堡。他把这个重大发现告诉了亲友和一些邻居。他们凑足了钱，买了需要的器械并运到西部。达比和叔叔回到了矿区继续挖掘。第一车矿石挖掘出来，运到了一个冶炼厂。结果证明，他们找到的矿区是科罗拉多最丰富的矿藏之一。再有几车矿石就能偿还欠下的债务，然后就等大笔财富滚滚而来了。矿井越挖越深，达比和叔叔寄予的希望越来越大。然后，新情况出现了。金矿的脉络消失了！他们的希望落空了，聚宝盆已不复存在。他们拼命继续挖掘，试图重新找到金矿，结果徒劳无获。最终，他们决定放弃。他们把器械卖给一个旧货商，只卖得几百美元，然后乘火车回了家。那个旧货商找来一位采掘工程师察看矿区，然后进行了估算。工程师认为矿主的采掘之所以没有成功，是因为他不懂什么是"断层线"。他的估算表明，再挖三英尺，达比和叔叔就能重新找到金矿的脉络。金矿就在三英尺之下！那位旧货商从矿石上赚了数百万美元，因为他懂得在放弃之前咨询专家的意见。"别人的拒绝不会让我放弃"，很久之后，当达比先生发现欲望可以变成黄金时，他终于弥补了损失，赚回了几倍的收益。这一发现是他开始推销寿险后获得的。

达比时刻牢记，自己在距离黄金只有三英尺的地方停止了努力，于是就失去了巨额财富。他对自己说："我在离黄金还有三英尺的时候停止了努力，但如果我向客户推销保险时遭到拒绝，我决不会放弃。"这一教训让他在后来自己选定的事业中受益匪浅。达比成了少数几个每年卖出寿险超过百万美元的人之一。他将自己这种持之以恒的精神归功于在金矿开采事业中得到的教训。任何人在取得成功之前，必然要遇到很多暂时的挫折甚至失败。如果一个人遭遇了失败，那么最容易也最顺理成章的做法就是放弃。失败是个骗子，它对人尖刻而狡猾，喜欢当胜利近在咫尺时将人绊倒。

所有计划、目标和成就，都是思考的产物。你的思考能力，是你唯一能完全控制的东西，你可以以智慧或是以愚蠢的方式运用你的思想，但无论如何运用它，它都会显现出一定的力量。没有正确的思考，是不会克服陈规陋习的，如果你不学习正确的思考，是绝对防止不了挫败的。

当我们沉醉于过分享受物质的世界中时，这不仅会与成功失之交臂，而且精神支柱会被不断地消磨，从而失去更多。若想逃出这迷茫的世界，走向成功。首先要建立足够的自信，因为成功的高度并不比自信的高度高多少。建立自信是走向成功的开始，相信自己，以坚韧的毅力、不懈的努力、刚强的意志，顽强的忍耐力去做好每一件事，逐渐走向成功。

每一个人都应该生活得比现在最快乐的人更快乐，应该生活得比现在最富有的人更富有和充实。我们有权利享有人世间最美好的事物，而个人要想生活得幸福，事业有成就，就必须最大限度地发挥自身的潜力，使自己的身心和力量处于最和谐的状态。只有发掘和利用这种潜能，才会走出忧郁和苦闷的泥淖，清除人生道路上的困难与阻力，实现自己的梦想，成为自己所想成为的人。

普仁提斯·马福尔德说："成功的人是那些有着最高的精神领悟的人，一切巨大的财富都来源于这种超然而又真实的精神能量。"但不幸的是，有很多人并不能够认识这种能量，因为他们没有一个具体的、固定的目标，最后使得英雄无用武之地。

贫穷是不能够阻挡成功的。这方面的例子数不胜数：哈里曼的父亲是一个穷职员，只有200美元的年薪；安德鲁·卡耐基全家刚刚来到美国时，他的母亲去帮人做事来养活一家人；富可敌国的托马斯·利普顿勋爵从25美分起家。这些人开始是没有什么财富权势可以依靠的，但这并没有阻挡他们的成功。

如果我们害怕财富与获得财富的过程，那么令人厌恶的贫穷会紧跟着我们。意识世界中的贫穷是真实的贫穷的根源。有付出才会有收获，如果我们因恐惧止步不前，那么我们就只会得到我们恐惧失败后所产生的那种悲惨结果。金钱是这个整体世界的一部分，它同样遵循宇宙精神的法则，所以智慧、勇敢和优秀的人类思想会制约它。

◆ 让财富处于流通状态下

你想要拥有财富吗？那么就利用你手中的条件，不管你手中的东西是多么微不足道。加速自己的"流通速度"就像商人们想方设法加快他们货物流通速度那样。在你的手中钱就好比是商人的货物。利用这些钱，快乐地消费和赚钱。

没有什么能比奉献更能让你的"速度"加快了，奉献你的时间、金钱、服务，奉献你拥有的一切。把你最想要的东西奉献出来，你想要的东西就会越来越多，因为上帝赐予你的天赋就是你播撒种子，然后收获更多，因为"一切事物的天性，就是不断增加"。

所罗门是他那个时代最富有的人，在他的书中记录了自己致富和成功的关键："有减少的，却也有增多的。有吝啬过度的，反会招来穷乏；好施舍者，必得富裕；温暖别人者，必被别人温暖。"

另外一个比所罗门更伟大的智者告诉我们："你们要给别人东西，别人就会给你们东西。所以当给别人时要用十足的升斗，连摇带按，倒给别人。因为你们用什么量器量给别人，别人也必用什么量器量给你们。"

我们有一项与生俱来的权利，如果不加以利用，我们就会彻底忘记我们还有这项权利。这是每个人都拥有的一笔价值连城的隐形财富。我们每个人都已拥有它，但很多人却你无法运用它。你只有通过在现实生活中不断运用自然、精神和灵魂的法则，才能为它打开一扇通向你的大门。只有这样你才算真正掌握了它，人生的宏伟目标和蓝图不可能只凭运气实现。你所需要的就是培养自己拥有作为一个强有力的人、一个伟大之人的能力。千万不要把这种能力隐藏起来，一定要把它展示出来，让它发挥到最大的作用。如果你想成为一名伟大的人，就要发现自己的才能，然后对自己说："为了实现的我的人生目标，我会不计一切代价，一往无前，直到实现自己的目标为止。"

各行各业的人都在追求财富，财富是一种非常具体的、切实的东西，我们可以获得、拥有、享受它。但却不该忘了世界上所有的黄金，人均只有很少的几美元。如果我们完全依赖黄金的供应，一天就可以将其耗尽。如果以此为基础，我们就可以每天花掉成千上万，甚至上亿美元，而黄金的供应并没有改变。其实黄金和一把刻度尺一样，也就是一个度量标准。有了一把尺子我们就可以度量很远的距离，同样有了一张5美元的钞票，数以亿计的人就可以使用它，使得它从一个人手里传到另一个人手里。

因此我们只要把一件物品做财富的符号，代替黄金去流通，每个人就能通过这件物品换来他所想要的一切物质，任何需要都会得到满足。这样匮乏的感觉就会离我们远去，不再对我们产生任何不好的影响。

很明显，我们要想从财富中得到好处，唯一的办法就是使它处于流通状态，让其他人从中受益。我们为了互惠互利而合作，将富裕的法则逐步推广，达到双赢的局面。

许多人以为把金钱紧紧地攥在手里就是拥有财富，这是典型的、早已过时的守财奴思想。其实让财富流通才是真正拥有财富的表现，一旦有任何负面的行为对交易流通产生影响，就可能会出现流通停滞、后退，甚至崩盘。假如我们把财富囤积起来，而又被担心和恐慌控制以致不能挣脱的时候，贫乏的感觉才会出现。因此，我们要想从财富中得到好处，唯一的办法就是使用它，而且必须让它流通，这样基于互惠互利的原则，人们开始互相合作，最终使人人都富裕起来。

海伦·威尔曼斯在《征服贫困》一书中对这一法则的实际运转给出了一段有趣的描述："人们几乎普遍都在追求金钱。这种追求仅仅来自贪婪的天赋，它的动作被局限在商界的竞争领域。它是一种纯粹的外部行动，其行为方式并不是源自于对内在生命的认知，而内在生命有其更美好、更精神化的正义的渴望。它只是兽性在人的领域的延伸，任何力量都不可能把它提升到人类如今正在接近的精神层面。"

因为这一层面上的所有提升都是精神成长的结果，这种提升正在做的恰好就是耶稣所说的，我们为了富有而必须做的。它首先寻求内心的天国，它只存在于这里。在这个天国被发现之后所有这些东西都会来到你身边。

一个人的内心中的什么可以称之为天国呢？当我回答这个问题时，10个读者当中没有一个会相信我，绝大多数人对他们自己的内在财富完全缺乏认知。尽管如此我还是要回答这个问题，真诚地做出回答。

我们内心里的天国就存在于人类大脑里的潜意识当中，这种潜能越来越丰富是任何人做梦也没有想到的。软弱无力的人，其肌体之内也同样潜藏着上帝的力量，但这些力量却一直封存着，直到他学会了相信它们的存在，才可能去试着利用它们。人们通常不喜欢反省，这就是他们为什么不富有的原因。在他们对自己以及自己的力量的看法中，他们被贫穷所困，这是不可取的。我们对自己所接触到的每一事物，都要留下自己信仰的印记，即使是一个临时工，如果足够长时间地审视自己的内心，就能够认识到自己所拥有的才智完全可以成功，现在的关键是找到开启心智的方法和为目标奋斗的方式。如果他认识到了这一点，并赋予它一定的意义，那就足以让人为了自己的理想而坚持不懈。

成功人士对贫困是不屑的，在这些杰出的人物看来，这个世界无处不存在富足，他们从不怀疑自己的能力，坚信世间俯拾皆是唾手可得的财富。

◆ 梅埃尔的研究

我们平时的生活中，会经常引用"人脉即财脉"这样的俗语，用来形容朋友与财富的关系。当我们帮助朋友、为他们服务、为他们谋利益、为他们做更多有益于他们自身的事情时，也同时不断扩展了我们的交友领域。为他人服务是成功的一条黄金定律，而这种服务必须是一种源自于本性的给予，它的背后是一颗诚实、正直、关爱他人的心。有所企图的帮助不能称为真正意义上的服务。当心怀鬼胎使用其有目的的手段与方法对人待友时，他们最终也必将遭受人际关系及事业上的全盘失败。因为他们根本无法去欺骗宇宙间的根本法则，他们对交换原理一无所知。根据因果关系的定理，他必然会深深陷入无力、无为、无能的泥淖。

威廉姆斯曾说过：天才的实质就在于知道该忽视哪些东西。为什么不把这个规律应用来对待挫折呢？忽视那些鸡毛蒜皮的问题吧！当大的挫折准备向你告辞时，你就敞开大门让它们出去！

有人问演员瓦尔特·汉普顿，英语中哪个句子是他最难忘的，他从古老的黑人灵歌中引用了一句话说："谁也不知道我所遇到的困难。光荣啊，哈利路亚！"在这句话里，闪烁着夺目的光彩！他们承认人生是充满痛楚、忧伤和苦难的，但是他们却勇往直前，欢欣鼓舞——最后两个词昭示着他们神圣的信念——人的精神力量能使他们战胜忧伤。

事实上，在很久以前，梅埃尔就对此做了研究，就区分了动机引导的行为与挫折诱发的行为。前者指的是为了实现特定的目标而采取的灵活而又自愿的行为；后者则以减轻挫折的压力为目的，因而可能并不适应环境的要求。被挫折感控制的人无从进行有效的推理，或采取有效的行为，只会"意气用事"。这种挫折感不利于健康人格的发展，更是创富过程中的大敌。然而，适度的挫折感并不是坏事，只要紧张的程度是以使人们采取有效的行动，推迟需要的满足能够促进人格的成长，确保个体对紧张有足够敏锐的感觉，从而有所作为。此外，这种体验还有助于培养对挫折的抵抗力或自我的力量，从而形成较强的创富心理品质。这些品质主要体现在以下几个方面：

不逃避问题。那种拉起被子盖住自己的头、希望困难自己溜走的做法是不足取的。一旦你自己承认有什么问题迫在眉睫，你就应该动员你潜在的巨大的防御力量，衡量困难的大小，并对它们进行分析。那时，你就会觉得，困难并不如它外表看起来那样可怕。

正视自己。人们常常由于自身的问题而陷入困境。戴尔·卡耐基曾遇到一些人，向他诉说他们在事业或经济上遇到的苦恼。经过细致的分析，卡耐基发现，他们是由于道德上的过失而深感内疚，从而使他们的判断力受到削弱，他们的确是处于困境，但是必须先认识到问题，并且先解决他们本身的问题，然后才能克服困难。

立刻行动。行动是自信心伟大的缔造者。人生伟业的建立，不在于能知，而在于能行。于无穷处全力以赴，你会发现眼目所及之处仍有无穷天地。采取行动也许你就能获得成功，哪怕结果不尽如人意，但是它总比坐以待毙好得多。立刻行动！可以应用在人生的每一个阶段。帮助你做自己应该做、却不想做的事情；对不愉快的工作不再拖延，抓住稍纵即逝的宝贵时机，实现梦想。不论你现在如何，只要用积极的心态去行动，你都能达到理想的境地。

不要害怕寻求帮助。有人认为遇到困难是丢人的事。想千方百计地掩饰说："这是我个人的问题，应当由我自己处理。"这种态度是错误的。事实上，没有任何人是真正靠自己就能解决一切问题的，谁都需要帮助，在我们生活的每一天中都需要别人的帮助。而且几乎在所有领域内，都有能够帮助我们的专家——包括医生、律师、牧师等。我们的问题如果是一个相当普遍的问题，那么很可能曾经经历过这种困难的人已经组成了一个团体。比如说，有过酗酒问题的人、家里有智力迟钝的孩子的人，这些人已经历过困难，并且都挺过来了，他们做好准备去帮助面对同样困难的别人。一个普通的人虽然不是专家，往往也能给你帮助。只要他同情地聆听你的倾诉，或者给你以鼓励。

不要把困难当托词。困难经常向我们显示出一种令人感伤的价值，它能对懦弱的自我起一种抚慰的作用，它也能变成失败和缺点的挡箭牌并把这种状况作为一种不健康的轴心，让自己的整个生活都围绕着它运转。

由于生活中的挫折和困难是五花八门的，没有特效的方法能够应付所有的困难，但是，只要当我们遇到挫折时，我们能够算算看，我们从挫折当中，可以得到多少收获和资产，我们就会发现自己所得到的，还是永远要比失去的要多得多。

有一个问题一直以来就困扰着很多人。那就是：到底是应该安于现状，坚持做手头上这份工作，还是马上去找一个更好的。这个问题的答案实际上完全取决于你在追求的到底是什么。首先你要明确你自己的目标。什么才是你想要得到的？只是一份工作？行政性的工作？

还是要有重要的实权？或是想开创属于自己的事业？无论是哪一种，它们都应该为你带来以下三方面的裨益：

首先，份合理的报酬。

其次，知识，对自己的锻炼以及工作经验，这些，对于你将来的发展会是宝贵的财富。

最后，在行业中的声誉以及丰富的人脉资源，它们都能帮你达成自己的目标。

从这三个方面对你面前的每个机会进行思考，来判断到底哪个更适合你。但是不要只是因为报酬微薄就将它看作一次培训，而从一开始就准备要抛弃它。虽然这的确不失为一种很好的培训方法，既可以让你接触到最新的工作方法，同时还可以获得一份薪酬。你应该有足够的耐心来深入到你的工作中去，只有这样你才能充分了解工作中的每个细节。所以，首先你要有充分的时间来了解你的工作。如果在经历过刚开始了解的过程后，你在做这份工作时还会感觉忙得不可开交，那么你就应该想想有没有什么更好的方法来协调这份工作，能让它变得轻松一点。如果有，马上改进！一直向前，不要停下你的脚步！不要因为偶尔的一次涨薪就感到心满意足了。活到老，学到老，每天你都应该有新的收获。如果有一天，你发现你再也无法从现在的工作中获得任何裨益，再也学不到新的指示，能力再也得不到任何提升，如果你还待在那，你会渐渐开始退步，那么，是该换换环境了。如果可能，现在你该升迁了——否则的话，就离开吧！跟你学到的知识和积累的经验相比，你的工资根本无足轻重。你必须先储备了足够多的知识和能力，之后，薪水和财富都会紧紧跟随而来的。

◆ 直面创富困难

你不要总是对自己不满意，这是胆小怕事的表现；也不要自满自得，这是愚蠢的表现。过分的自我感觉良好实际上是一种无知，它虽能导致傻瓜般的幸福感，让人得一时之快，但实际上常常有损于一个人的名声。你不能鉴定出别人的完美程度，所以总陶醉于自己的平庸。自我警告总是有用的，既能帮助事情进展顺利，也能在事情进展不顺利时让我们感到慰藉。如果你对挫折早怀有一定恐惧之心，则挫折来临时，你反倒有恃无恐。荷马也有打瞌睡的时候，亚历山大则因失败而从自我欺骗中警醒过来。事情要依环境而定，有时环境助你，有时环境害你。然而，对于一个令人无可奈何的傻瓜，最空虚的满足也如鲜花一样美好，并可以继续播撒出许多满足的种子。

就像白朗宁所说的那样："有勇气改变你能够改变的，愿意接受你无法改变的，并且有智慧判断哪些是能改变的，哪些是不能改变的。"

因此，追求人生目标的决心愈坚定，你就愈有耐心克服阻碍。这里所谓的耐心，是指动态而非静态，是主动而不是被动；是一种主导命运的积极力量，而不是向环境屈服的消极力量。

这种力量在我们的内心源源不绝，但必须严密地对它加以控制及引导，以一种几乎是不可思议的执着投入到为既定目标的奋斗中去。

有了坚定的人生方向，可以提高你对于小挫折的忍受力。你知道目标逐渐接近，这些只是暂时的耽搁。如果你积极地面对困难，问题就能迎刃而解。

1864年9月3日这天，寂静的斯德哥尔摩市郊，突然爆发出一阵震耳欲聋的巨响，滚滚的浓烟霎时间冲上天空，一股股火花直往上蹿。仅仅几分钟时间，一场惨祸发生了。当惊恐的人们赶到时，大火已经吞没了一切。火场旁边，站着一位三十多岁的年轻人，突如其来的惨祸和过分的刺激，已使他面无血色，浑身不住地颤抖着，这个大难不死的青年，就是后来闻名于世的阿尔弗雷德·诺贝尔。

诺贝尔眼睁睁地看着自己所创建的硝化甘油炸药实验厂化为灰烬。人们从瓦砾中找出了五具尸体，其中一个是他正在大学读书的活泼可爱的小弟弟，另外四个也是和他朝夕相处的亲密助手。五具烧得焦烂的尸体，惨不忍睹。诺贝尔的母亲得知小儿子惨死的噩耗，悲恸欲绝。年老的父亲因大受刺激引起脑溢血，从此半身瘫痪。然而，诺贝尔在失败和巨大的痛苦面前却没有动摇。

惨案发生后，警察当局立即封锁了出事现场，并严禁诺贝尔重建自己的工厂。人们像躲避瘟神一样避开他，再也没有人愿意出租土地让诺贝尔进行如此危险的实验。

但是，困境并没有使诺贝尔退缩，几天以后，人们发现，在远离市区的马拉化湖上，出现了一只巨大的平底船，船上并没有装什么货物，而是摆满了各种设备，一个青年人正全神贯注地进行一项神秘的实验。他就是在大爆炸中死里逃生，被当地居民赶走了的诺贝尔！

大无畏的勇气往往令死神也望而却步。在令人心惊胆战的实验中，诺贝尔没有连同他的驳船一起葬身鱼腹，而是碰上了意外的机遇——他发明了雷管。雷管的发明是爆炸学上的一项重大突破，随着当时许多欧洲国家工业化进程的加快，开矿山、修铁路、凿隧道、挖运河都需要炸药。于是们人又开始亲近诺贝尔了。他建立了一座硝化甘油工厂。接着，他又在德国的汉堡等地建立了炸药公司。一时间，诺贝尔生产的炸药成了抢手货，订货单源源不断地从世界各地纷至沓来，诺贝尔的财富与日俱增。

然而，获得成功的诺贝尔并没有摆脱灾难。

不幸的消息接连不断地传来：在旧金山，运载炸药的火车因震荡发生爆炸，火车被炸得七零八落；德国一家工厂因搬运硝化甘油时发生碰撞而导致爆炸，整个工厂和附近的民房变成了一片废墟；在巴拿马，一艘满载着硝化甘油的轮船，在大西洋的航行途中，因颠簸引起爆炸，整个轮船全部葬身大海……

一连串骇人听闻的消息，再次使人们对诺贝尔望而生畏，甚至把他当成瘟神和灾星，如果说前次灾难还是小范围的话，那么这一次他所遭受的已经是世界性的诅咒和驱逐了。

诺贝尔又一次被人们抛弃了，不，应该说是全世界的人都把自己应该承担的那份灾难给了他一个人。面对接踵而至的灾难和困境，诺贝尔没有一蹶不振，他身上所具有的毅力和恒心，使他对已选定的目标义无反顾，永不退缩。在奋斗的路上，他已经习惯了与死神朝夕相伴。

炸药的威力曾是那样不可一世，然而，大无畏的勇气和矢志不渝的恒心最终激发了他心中的潜能，最终征服了炸药，吓退了死神。诺贝尔赢得了巨大的成功，他一生共获专利发明权355项。他用自己的巨额财富创立的诺贝尔科学奖，被国际科学界视为一种崇高的荣誉。

相信我们每个人都经历过不同的挫折，但怎样才能面对挫折，寻找到一个真实的自己呢？诺贝尔用他自己的经历给我们上了人生的一课。让我们面对挫折的时候，找到了应对的方法，那就是无论前方的道路多么艰辛，多么的坎坷，只要我们具有敢于与挫折挑战的勇气，一切困难都是可以战胜的。

同样的道理对于国家也照样适用。就拿阿拉斯加和瑞士来说吧。阿拉斯加有丰富的金、银、铜矿以及煤矿，有大片的原始森林，适合农作的土地达到了一百万平方英里，此外它还有世界上最繁荣的水产业。如果它的人口同瑞士一样密集的话，它将养活一亿两千万居民！

没有丰富的天然资源，瑞士人只好发挥他们的聪明才智。一吨金属在他们手里转化为巧夺天工的形式，它的价值也徒增至了一百美元。他们以二十美分每磅的价格购来的棉线，转换成蕾丝就成了两千美元每磅。一批价值十美分的木材制成雕刻品就立马成了一百美元。由于这个国家的人是如此善于利用他们的天赋，他们自然也得到了最丰厚的回馈。

精神究竟在哪里？也许简单如此：任何残缺、阻碍都不足以打倒你。困难是上帝给你最大的恩赐。它们让你的灵魂显现。它们将神圣的精神力量带到你身边，助你一臂之力。任何让你熟知你灵魂、了解你潜力、并使神圣精神降临在你日常生活中的事物，不管为它们付出多大代价，都是值得的。

你要与每种困难较劲直到你从中有所收益。不要轻易放弃任何困难直到它成为你前进的基石。

要记住神圣的精神一直在你身后默默地支持你，当你需要它的时候，它就能赐予你力量——不仅是一个人的力量，甚至是十个人的力量！就像大卫去挑战哥利阿斯，他意识到并不是一个人在参与这场战斗，还有上帝。明白了这一点，就不再有任何困难可以阻拦你，不再有任何事情能够吓倒你。你将与力量为伴，不再孤单。挣扎与考验不过是历练你的心智，告诉你尽管它们让你独自地面对艰难的处境，但当你通过内在的精神将它们与上帝紧紧联系在一起时，一切困难都将迎刃而解。

第六章
创富时自我激励的重要性

　　财富就在这里，你看到了吗？世界上所有的东西每天都在变化，但经过历史和岁月的考证之后，我们会发现，当我们活得越久，我们就会越确定人与人之间的最大的差异，也就是强与弱、伟大与渺小之间的差异性在于信念与决心，一旦立下目标，不达目标誓不回头，有不成功就成仁的信念和决心，具有这种品德，那么世上没有不能完成的任务。我们要致富，必须拥有我们的致富信念，因为信念对人生的影响是举足轻重的，它隐藏在我们身体内部，要学会善于运用它，这样它才能成为一股取之不尽的力量源泉。

　　　　　　　　　　　　　　——（英）乔治·哈尔

◆ 创富心理学中的自我激励

激励就是激发、鼓励的意思。心理学上激励的含义，主要是指激发人的动机，使人具有一股内在动力，朝向所期望目标前进的心理活动过程。美国哈佛大学的心理学家威廉·詹姆士研究发现，一个没有受激励的人，仅能发挥其能力的20%~30%，而当他受到激励时，其能力可以发挥至80%~90%。这就是说，同样一个人，在通过充分激励后，所发挥的作用相当于激励前的3~4倍。

通过不断的自我激励，你会发现你的心情越来越好，做事情的效率也越来越高，距离自己的目标也越来越近了。

读到这里，我们或许有必要探讨一下自我激励的一些方法。历史上的成功人士无一不是实践了这些想法，并最终取得了伟大的成就。

调高目标。真正能激励你奋发向上的是确立一个既宏伟又具体的远大目标。许多人惊奇地发现，他们之所以达不到自己孜孜以求的目标，是因为他们目标太小，而且太模糊，使自己失去了动力。如果你的主要目标不能激发你的想象力，目标的实现就会遥遥无期。

离开舒适区。不断寻求挑战，体内就会发生奇妙的变化，从而获得新的动力和力量。但是，不要总想在自身之外寻开心。令你开心的事不在别处，就在你身上。因此，找出自身的情绪高涨期用来不断激励自己。

慎重择友。对于那些不支持你目标的"朋友"要敬而远之。你所交往的人会改变你的生活。结交那些希望你快乐和成功的人，你在人生的路上将获得更多益处。一个人对生活的热情具有极大的感染力，因此同乐观的人为伴能让我们看到更多的人生希望。

正视危机。危机能激发我们竭尽全力。无视这种现象，我们往往会愚蠢地创造一种合适的生活方式，使自己生活得风平浪静。当然，我们不必坐等危机或悲剧的到来，从内心挑战自我是我们生命的源泉。

精工细笔。创造自我，如绘一幅巨幅画一样，不要怕精工细笔。如果把自己当作一幅是在创作中的杰作，你就会乐于从细微处作改变。一件小事做得与众不同，也会令你兴奋不已。总之，无论你有多么小的变化，对于你都很重要。

敢于犯错误。有时候我们不做一件事，是因为我们没有把握做好，我们感到自己"状态不佳"或精力不足时，往往会把必须做的事放在一边，或静等灵感的降临。如果有勇气来对待自己做不好的事情，一旦做起来了一定会乐在其中。

加强排练。先"排演"一场比你要面对的局面更复杂的战斗。如果手上有棘手活而自己又犹豫不决，不妨挑件更难的事先做。生活挑战你的事情，你定可以用来挑战自己。这样，你就可以开辟一条成功之路。成功的真谛是：对自己越苛刻，生活对你越宽容；对自己越宽容，生活对你越苛刻。

迎接恐惧。世上最秘而不宣的体验是，战胜恐惧后迎来的是某种安全有益的东西。哪怕克服的是小小的恐惧，也会增强你对创造自己生活能力的信心。如果一味想避开恐惧，它们会像疯狗一样对你穷追不舍。此时，最可怕的莫过于双眼一闭假装它们不存在。

把握好情绪。人开心的时候，体内就会发生奇妙的变化，从而获得新的动力和力量。但是，不要总想在自身之外开心。令你开心的事不在别处，就在你身上。因此，找出自身的情绪高涨期并用来不断激励自己。

在我们的创富过程中，我们一定要注意到人的一切行为都是受到激励而产生的，通过不断地自我激励，就会使我们的内心产生一股内在的动力，朝向所期望目标前进，最终达到成功的顶峰。

讲到改变人，假如你我要激励我们所接触的人，认识他们所具有的宝藏，我们所能做的，比改变人还多；我们真能改变他们。

这是过分的话吗？那么且听已故的哈佛詹姆士教授的名言，他是美国的心理学家和哲学家之一："与我们本来应有的成就相比较，我们不过是半醒着，我们现在只是在利用我们身心资源的一小部分。广义地说，人类的个人就这样地生活着，远在他应有的极限之内；他有着各种力量，但习惯地未被利用。"

所以，要改变人而不触犯或引起反感，那么，请称赞他们最微小的进步，并称赞每个进步。要"诚于嘉许，宽于称道"。

康涅狄克州有位律师R君，在参加完卡耐基的课程之后，有天和太太驾车到长岛去拜访几个亲友。R君的太太留他陪一位老姑妈聊天，自己则到别处去见几个年轻的亲戚。R君觉得不妨以这位老姑妈为对象，体验一下使用"激励原则"的效果。

"这栋房子是在1890年建造的吧？"他问道。

"是的。"老姑妈回答，"正是那年建造的。"

"这使我想起我们以前的老房子，我在那里出生的。"R君说道，"那房子很漂亮，盖得很好，有很多房间。现在已经很少有这种房子了。"

"你说得很对。这是一栋像梦一般的房子。"老姑妈的声音因回忆而颤抖了，"这是一栋用爱造成的房子。我的丈夫和我梦想了好几年，我们没有请建筑师，完全是我们自己设计的。"

她带着R君到处参观，R君也热诚地发出赞美。室内有很多漂亮的摆设，都是她四处旅行时搜集来的——小毛毯、老式的英国茶具、有名的英国陶器、法国床和椅子、意大利图画，还有曾经挂在法国一座城堡里的丝质窗幔。

看完了房子以后，老姑妈又带R君到车库去，那里停着一辆别克车——几乎没使用过的。"这是我丈夫在去世前没多久买给我的。"她轻声说道，"自从他死后，我就没有动过它……你懂得鉴赏好东西，我就把它送给你吧！"

"啊，姑妈，"R君叫道，"别吓坏我了。我知道你很慷慨，但是，我却不能接受，我已经有了一部新车，而且我们并不算是真正的亲戚。我相信你有许多亲戚会很喜欢这部车。"

"亲戚！"她叫起来，"不错，我是有很多亲戚。但是，他们只是在等我死掉好得到这部车子。哼，他们得不到的。"

"如果你不想送给他们，也可以卖给汽车商啊！"R君建议道。

"卖给汽车商！"她大叫，"你以为我会把这部车子卖掉吗？你以为我可以忍受让陌生人开着它到处跑吗——这是我丈夫买给我的车子啊！我无论如何都不会把它给卖掉的。我想把它送给你，是因为你懂得鉴赏好东西。"

　　这位老姑妈独自住在这栋大屋子里，活在往日的记忆中，渴望的就是一点儿小小的赞赏。一旦她找到了，就像在沙漠中得到泉水一样，感激之情无法表达，只有用她最珍爱的别克车来表示心意了。

　　几十年前，有一个伦敦孩子在一家布店当店员。他早晨5点钟就要起身，打扫全店，每日如同奴隶般的工作14个小时，那简直是苦工，他轻视它。过了两年，他再也不能忍受了，一天早晨起来，他来不及吃早餐，走了15里路，去与他在别人家里当管家的母亲商谈。

　　他哭泣着，发狂地向他母亲请求不再做那工作了，他起誓，如果他必须再留在这店中，他就要自杀。然后他写了一封长而悲惨的信给他的老校长，说他心已破碎，不愿再活着。他的老校长给了他一些称赞，并肯定地对他说，他实在是很聪敏，适于更好的工作，并给了他一个教员的位置。

　　那个称赞改变了那个孩子的未来，他成了英国文学史上最杰出的人物。因为那个孩子自此以后，曾写作了77本书，用他的笔赚了100多万元。你大约已经听到过他，他的名字是韦尔斯。

　　在1922年，一位住在加利福尼亚的青年，他非常贫困，连他的妻子都养不起。星期日他在教会唱诗班中歌唱，在他人的婚礼上，他为人歌唱。他不能住在城中，所以他在一个葡萄园内租了一间破旧的屋子，租金每月只12.5角；房租虽低，但他却付不起，他欠了10个月的租金，于是不得不在葡萄园中摘葡萄，以代付租金。有时除了葡萄以外，他简直没有别的东西吃。他非常失望，差不多要放弃歌唱家的事业，去卖载重汽车谋生，在这时候，一个人称赞了他。那人对他说："你有歌唱的天赋，你应到纽约去发展。"

　　因为那一点称赞，那轻微的鼓励，成为青年成就事业的关键，他借了2500元踏上去纽约的路。你或许也听到过他，他的名字是席贝德。

◆ 创富的激励理论

拿破仑·希尔告诉我们,激励就是鼓舞人们做出抉择并从事行动。激励能够提供动因。动因仅仅是在个人体内的"内部催动",例如本能、热情、情绪、习惯、态度、冲动、愿望或想法,能激励人行动起来。

同样地,著名宗教领袖马丁·路德·金说过:"人们所做的每一件事都是抱着希望而做成的。"人们基于对环境的认识,进而产生了价值感和目标感,导致需要,而需要又引起动机。但动机是否必定产生相应的行为,则还取决于行为导致预期目标的可能性有多大。对此,心理学家V. H. 弗洛姆提出了一个著名的公式:

$$M=V \cdot E$$

该公式指出了人们的努力行为与其所获得最终奖酬之间的因果关系,说明了激励过程是以选择合适的行为达到最终的奖酬目标的理论。这种理论认为,当人们有需要,又有达到目标的可能,其积极性才能高。激励水平决定于期望值和效价的乘积,即M——指个体从事某项活动积极性的大小,称为激励水平。

E——某一特别行为会导致一个预期结果的概率,称为期望值。也是指人们对自己的行为能否达到目标的一种主观可能性估计。由于这种主观概率要受每个人的个性、情感、动机的影响,因而人们对这种可能性的估计也不一样,有人趋于保守,有人趋向冒险。

激励自己创富是对自己价值体系和自信心、抱负的大小、自我能力评价、对环境把握能力的一个综合体现。

V——指人们对某一目标（奖酬）的重视程度与评价高低，即人们在主观上认为这奖酬的价值大小，称为效价。在创业活动中，要求创富者经常用目标来激励自己，不断想象自己成功和成功后给自己带来的巨大的精神上的满足感。所以，只有具有必胜的信念、强化成功的感受，才有强大的创富动力。古人说：欲得其中，必求其上，欲得其上，必求上上。表达的同样是这个意思。

希尔博士的《心理创富法》一书里面，首次提示出六个自我激励的"黄金"步骤。

第一步：你要在心里，确定你希望拥有的财富数字——散漫地说"我需要很多、很多的钱"是没有用的，你必须确定你要求的财富的具体数额。

第二步：确确实实地决定，你将会付出什么努力与多少代价去换取你所需要的钱——世界上是没有不劳而获这回事的。

第三步：规定有一个固定的日期，一定要在这日期之前把你要求的钱赚到手。

第四步：拟订一个实现你理想的可行性计划，并马上进行……你要习惯于行动，不能够再耽于"空想"。

第五步：将以上四点清楚地写下——不可以单靠记忆，一定要白纸黑字。

第六步：不妨每天两次，大声朗诵你写的计划。一次在晚上就寝之前，另一次在早上起床之后——当你朗诵的时候，你必须看到、感觉到和深信你已经拥有这些钱！

从表面上看这一组合是非常简单的，所以希尔博士一再叮咛："对一些没有接受过严格锻炼的人来说，以上六个步骤是'行不通'的……请你记住，将这些步骤传下来的人不是没有完善意识和创富勇气的平庸之辈，而是世界上经济和政治领域内颇为成功的一些杰出人物。"

希尔博士又说："要是你知道这六个步骤是经过已故的托马斯·爱迪生所详细审查过并认可了的，可能你会有更大的信心。爱迪生终生在履行、实践这六大步骤，因为在他看来，这些步骤不仅是致富的重要途径，更是任何人要到达任何目标的必经之路。"

爱迪生曾经写信赞扬希尔博士："我感谢您花了这么长的时间去完成'自我创富学'……这是一个很健全的哲学……追随您学习的人将会获得很大的效益。"

事实上，在你的每种思想和每个自觉行为的背后，都能发现一定的某种或某几种相结合的动机。分析起来，有十种基本的动机导致产生所有的思想和自觉的行为。没有人是不受到激励而去做任何事的。

当你为了任何一定的目的而要激励自己或激励别人时，你就应当清楚地了解这十种基本的动机。它们是：

第一种：自我保护的愿望。

第二种：爱的情绪。

第三种：恐惧的情绪。

第四种：性的情绪。

第五种：死后生活的愿望。

第六种：谋求身心自由的愿望。

第七种：愤怒的情绪。

第八种：憎恨的情绪。

第九种：谋求被认可和自我表现的愿望。

第十种：获得物质财富的愿望。

激励是一种不带有任何功利色彩的行为，只要你去真正地关心员工，帮助员工，他们就能为你在创富的过程中尽职尽责。换言之就是关心下属必须真正地为下属着想，而不是"另有企图"，否则就会弄巧成拙。

但这里还需要强调的是，在激励的过程中，你对为你创造财富的人的关心与社会上所说的关心是不同的，它不可避免地带有功利的色彩。也就是说，它要求回报，那就是下属的忠诚，乐于跟你尽力做事。要达到这个目的，需要注意以下事项：

让下属感觉到你的关心，否则就白做了。

关心要在力所能及的范围内。关心下属必须适度，要求讲成本核算，要在组织制度许可的范围内。

不能安全控制的关心少做。如下属的加薪、晋升等都不是中层管理者可以控制的事，你就不要轻易许诺。

关心与组织目标一致的需求，而对不合理的需求加以引导。

让员工感觉到"你的关心"时要恰如其分。一个要想创造财富的人，他是非常希望下属对自己而不只是对组织有感激之情。但要恰如其分，不可好事往自己身上揽，坏事往组织身上推。曾听到有的管理者对下属说："你之所以获得……是因为我向上司极力推荐……是因为我据理力争……"你这样说下属并不领情，因为这本身是你分内的工作。

敢于承担责任。当下属出现工作失误时，作为管理者，要敢于承担责任。实际上，当下属出现工作失误时，也正是最需要上司关心的时候。这时候管理者承担管理不力之责，实际上对自己并没有多大的损害，反而会赢得下属的爱戴和忠诚。

俗话说："带人如带兵，带兵要带心。"一个想创造财富的人，只有真正地关心哪些为他创造财富的人，才能达到激励的效果，才能赢得下属充分信任和忠诚，才能高效、高质量地完成工作，让自己的财富成十倍成长。

◆ 激励他人

懂得怎样用有效的态度和让人满意的方法去激励别人，是十分重要的。你在整个一生中都会起着双重作用：你激励别人，别人也激励你；既当双亲，又当孩子；既是教师，又是学生；既是销售员，又是顾客；既是主人，又是仆人，你总是两种角色。

所以你能用信任的方法激励别人。但是要正确地理解信任。它是积极的，而不是消极的。消极的信任没有力量，正如同不能观察的眼睛的视力没有力量一样。必须采取积极的信任；必须说明你的信心，告诉别人："我知道你在这个工作中是会成功的，所以我和别人承担了保证你成功的义务。我们都在这儿，等待着你……"

任何的成功销售经理都懂得激励销售员最有效的方法之一就是亲自到现场，和销售员一同劳动，给他们树立榜样。希尔成功学的传人克里曼特·斯通曾经给销售员们讲述他是如何训练一位销售员的故事，鼓舞了许多人。他是这样讲这个故事的：

在爱荷华州西奥克斯城有我们公司的一些销售员，有一天晚上，我听到一位推销员抱怨说：他在西奥克斯中心已经工作了两天，但没有卖出一样东西。他说："在西奥斯中心出售商品是不可能的，因为那儿的人是荷兰人，他们讲宗派，不想买生人的东西。此外，这片土地歉收已达五年之久了。"

虽然他这样说，我还是建议我们第二天就到那儿去做生意。第二天我们驱车前往西奥克斯中心。在车上，我闭着眼睛，放松身体，静思默想，调整我的心理状态。我不断地考虑为什么我能同这些人做生意，而不去想为什么我不能同他们做成生意。

我是这样想的：他说他们是荷兰人，讲宗派，因此他们不愿买我们的东西。那有什么关系呢？众所周知的事实是：如果你能将东西卖给一族人中的一个人，特别是一个领袖人物，你就能卖东西给全族的人。现在我必须做的一切就是要把第一笔生意做给一位适当的人。即使要花费很长的时间，我也要做到这一点。

还有，他说这片土地歉收已达五年之久。还有什么能比这一点更好呢？荷兰人是极好的人，他们十分注重节约，做事认真负责，他们需要保护他们的家庭和财产。但他们很可能从没有购买过意外事故保险单，因为别的推销员可能具有消极的心态，从来没有向他们试销过事故保险单。要知道，我们的保险单只收很低的费用，却能提供可靠的保护。

当我们到达西奥克斯中心时，我们首先进了一家银行。当时那儿有一位副经理，一位出纳员，一位收款员。20分钟内，副经理和出纳员各买了一份我们公司所乐于销售的最大的保单——全单元保单。接着，我们一个商店接着一个商店，一个办公室接一个办公室地访问每个机构中的每一个人，有条不紊地兜售着我们的保险单。

一件惊人的事发生了：那天我们所访问的每一个人都购买了全单元保单。没有一个例外。

在归途中，我感谢神力给我的援助。

啊，为什么在这同一个地方，别的销售失败了，而我的销售却成功了呢？实际上他失败的原因和我成功的原因是相同的，除去还有一些别的东西外。

他说自己不可能售给他们保险单，因为他们是荷兰人，并且有宗派观念，那是消极的心态。现在，我知道他们会买保险单，因为他们是荷兰人，并且有宗派观念，这是积极的心态。

还有，他说他不可能销售给他们保险单，因为他们已歉收达五年之久。那是消极的心态。

我知道他们会买，因为他们已歉收达五年之久。这是积极的心态。

我们之间的差别就是消极的心态和积极的心态之间的差别。

后来，这位推销员回到西奥克斯中心待了很长的时间。在那儿他每天都能取得一定的销售成绩。

只因为学会了用积极的心态从事工作，这位推销员在他失败的地方成功了。这个故事说明了用榜样激励别人的价值。

有一种行之有效的激励人的方法是指导人们读一些励志书刊。

一位著名的销售主管和销售顾问送给斯通一本《思考成功》。自从那时起，斯通就一直在使用励志书籍去鼓舞推销员行动。斯通深知鼓舞和热情是销售组织的生命。除非人们不断地添加燃料，鼓舞和热情的火焰总是要熄灭的。斯通养成了一种习惯：不时地查询他的一些代理人是否经常收到励志书刊，斯通打算让这些出版物起着精神维生素的作用。

我们的失败往往是因为我们不能控制自己的情绪所造成的，如果我们能够掌握自己的情绪，那么我们就更容易掌握命运。

可以这么说，我们面临的问题便是我们根本不知道该如何提高自己。我们对自己不够严格，要求不够高。我们应该期待自己有更加光辉灿烂的未来，应该认为自己是具有超凡潜质的卓越人物。一定要对自己有很高的评价。

假定你已成为你心中的理想人物，假定你已获得你渴望的那些品质，这样的话，你就会感到有一种强大的魔力，你就会感到有一种真正的创造力。

你也该以同样的态度对待成功。除了成功之外，你绝不应该再想别的事。一定要有成功的心态、成功的思想和成功的行为举止。一定要像一个成功者、像一个杰出人物一样行动，穿着打扮和思想都要表现得像一个成功者、一个杰出人物的样子。务必相信，你心中的图景、你的心态，便是你将可能使之变为现实的蓝图。

库柏在密苏里州圣约瑟夫城一个准贫民窟里长大。他的父亲是一个移民，以裁缝为生，收入微薄。为了家里取暖，库柏常常拿着一个煤桶，到附近的铁路去拾煤块。库柏为此而感到难堪，他常常从后街溜出溜进，以免被放学的孩子们看见了。

但是，那些孩子时常看见他。特别是有一伙孩子常埋伏在库柏回家必经的路上，袭击他，以此取乐。他们常把他的煤渣撒遍街上，使他回家时一直流着眼泪。这样，库柏总是生活在或多或少的恐惧和自卑的状态之中。

我们打破失败的生活方式总是会发生的。后来库柏读了一本书，内心受到了鼓舞，从而在生活中采取了积极的行动。这本书是荷拉修·阿尔芝著的《罗伯特的奋斗》。

在这本书里，库柏读到了一个像他那样的少年的奋斗故事。那个少年遭遇了巨大的不幸。库柏也希望具有这种勇气和力量。

这个孩子读了他所能借到的荷拉修的每一本书。当他读书的时候，他就进入了主人公的角色。整个冬天他都坐在寒冷的厨房里阅读勇敢和成功的故事，不知不觉地吸取了积极的心态。在库柏读了第一本荷拉修的书之后几个月，他又到铁路上去拣煤。隔开一段距离，他看见三个人影在一个房子的后面飞奔。他最初的想法是转身就跑，但很快他记起了他所钦羡的书中主人公的勇敢精神，于是他把煤桶握得更紧，一直向前大步走去，犹如荷拉修书中的一个英雄。

这是一场恶战。三个男孩一起冲向库柏。库柏丢开铁桶，坚强地挥动双臂，进行抵抗，使得这三个恃强凌弱的孩子大吃一惊。库柏的右手猛击到一个孩子的嘴唇和鼻子上，左手猛击到这个孩子的胃部。这个孩子便停止打架，转身溜走了，这也使库柏大吃一惊。同时，另外两个孩子正在对他拳打脚踢。库柏设法推开了一个孩子，把另一个打倒，用膝部猛击他，而且发疯似的揍他的腹部和下巴。现在只剩下一个了，他是孩子头，已经跳到库柏的身上，库柏用力把他推到一边，站起身来。大约有一秒钟，两个人就这么面对面站着，狠狠瞪着对方，互不相让。

后来，这个小头头一点一点地退后，然后拔腿就跑。库柏也许出于一时气愤，又拾起一块煤炭朝他扔了过去。库柏这时才发现鼻子挂了彩，身上也青一块、紫一块。这一仗打得真好。这是他一生中重要的一天，那一天他终于战胜了恐惧。

库柏并不比去年强壮多少，那些坏蛋的凶悍也没有收敛多少，只是他的心态已经有了改变。他已经学会克服恐惧、不怕危险，再也不受坏蛋欺负。从现在开始，他要自己来改变自己的处境，他果然做到了。

通过运用积极心态，库柏战胜了懦弱，战胜了恐惧，最终成为全美最受尊敬的法官之一。通过运用积极心态，库柏还取得了比这更大的成就，那就是把隐形护身符翻到了积极心态的一面，最终获得了成功。

◆ 使用各种方法去激励

美国东北部临海的罗德艾兰州首府普罗维登斯港"瓦尔特·克拉克同志会"的瓦尔特·克拉克在儿童时代，想当医生，但是当他长大时，他又想当工程师。于是他就去学工程学。

然而，在哥伦比亚大学，他发现探索人类心理的功能十分有趣和引人入胜，他就放弃工程学，改攻心理学。最后，他得到了硕士学位。

毕业后，瓦尔特·克拉克就到玛西百货公司及其他几个著名的公司担任人事职员。那时，著名的心理测验发展了特殊的信息，人们用这种测验方法为公司提供申请就业者的信息，申请者的智商、资质和个性。但是有些重要的东西却丢失了。

瓦尔特就努力寻找这种失掉了的因素。他想："工程师能选择适当的部件，并把它安装到适当的位置上，以使机器能有效地发挥功能。我要给人们做的事也是这样的：选择恰当的人担任恰当的工作。"

瓦尔特像许多人事职员一样，发现人们在工作上时常会失败，即使心理测验表明他们有最佳的智慧、资质和个性，足以在这个工作上取得成就。"为什么那时我们有那么多的缺勤者、人事变动和失败呢？"

现在，我对这个问题的答案是十分简单和明了的，而别的心理学家却没有发现这个答案，这倒令他惊讶不已：因为你明白一个人不是一个机械体。人具有心理，他的成功或失败都是由于他的心理受到或未受到激励。

因此，瓦尔特努力发展一种分析技术，它能：

指出在令人愉快的或痛苦的环境中，个人行为的倾向；

说明环境的种类：能在有利的形势下吸引人的环境，或能在不利的形势下排斥人的环境；

使用这种技术，就能成功地分析一定的工作需要什么样的条件。

瓦尔特工作勤奋，不断探索，因此能够发现和准确地认识到他正在寻找的东西。他发展了被称之为活动矢量分析的技术，它的较著名的术语是AVA；它的基础是语义学，特别是个人对词形的反应。瓦尔特根据就业申请者所给的答案，设计了一种图表。他还求得了两家公司，用以设计类似的图表，使之能适用于任何特殊的工作。

当他发现申请者的图表符合某种工作的图表时，他便找到了人员与工作的完美结合。

为什么？

因为这时申请者就会获得自然属于他的工作。一个人能做他所喜欢做的工作——这是很惬意的。

按照瓦尔特的设想，活动矢量分析唯一的目的是帮助商业管理：

选择人员；

发展管理；

消减缺勤造成的高额费用；

加速人员的周转。

瓦尔特达到了原定的主要目的。斯通多年来也在不断地探索一种科学的劳动工具，以帮助他的代理人成功地解决他们的个人、家庭、社会、业务等方面的问题。他在寻找一种简单、正确和可行的公式，以便把这种公式用于特定环境中特殊的个人，从而消灭臆测，并节省时间。

因此，斯通听到"活动矢量分析"时，主动作了调查，并立即承认：这正是他长期以来一直在寻求的劳动工具。他看到活动矢量分析可用于许多行业，大大超出了最初的研究方向。当他在瓦尔特的指导下学习时，他就得出一个无可置疑的结论：

当你了解了这个人的个性特点是什么，他的环境是什么，激励着他的东西是什么时，你就能激励这个人了。

美国斯凯朗电视公司的总裁阿瑟·利维为了研制出一种闭路电视，他曾录用了一位颇有干劲的青年人比尔。比尔一上任便一头钻进了实验室，整整干了一个星期。在工作最紧张的时候，比尔一连40多个小时没有离开实验台。连吃的东西都是请人送去的。工作告一段落后，比尔在床上睡了一天一夜，当他醒来时，好像老了10多岁。

此情此景使利维深受感动，他拉着比尔的手说："要是你再不改变一下工作方式，我就要停止新产品的研制工作。"

"为什么？"比尔一听要停止研究工作，心里不免有些紧张。

"因为像你这样不分昼夜地工作，不等新产品问世人就垮了。我宁愿不做这种生意，也不能赔上你这条命。"利维的话，确实感人肺腑。

比尔有些激动了："不会的，凡从事这种研究的人都是这样工作的，很难改变。"

利维有些伤感地说："是的，搞研究的人少有长寿者，但我希望你能节约一点儿。虽然我们相处的时间不长，可我知道你是竭尽全力地干这项工作。你的心意我领了。就是研究不成功，我也不会怪你。"

比尔的心被深深地震动了。

仅此一番话，使比尔的心理发生了极大的变化。他不再是为了工资，为了个人吃饭而工作，而是把研制新产品当作他和利维的共同事业，怀着一种"士为知己者死"的心情以一当十，夜以继日地工作着。不到半年时间，闭路电视就研究成功了。闭路电视的问世，为利维公司的进一步发展开辟了广阔的前景。

"感人心者，莫过于情"，利维的这番话已经达到了他激励人心、感人肺腑的目的，淋漓尽致地表现了他对比尔重视、信任、关心、爱护的心情。它能够使下属的自尊心、荣誉感、参与感与责任感都得以满足和实现，来充分发挥他们的创造性和潜力。这正是比尔为什么能够在半年内就能成功研究闭路电视的重要原因之一。

当你阅读到这里的时候，你已经看到暗示、自我暗示、自动暗示的重要性。现在期通把这种知识同他从"活动矢量分析"所学到的知识结合起来了。

这样，斯通就创造了激励别人的技术。这对他说来是一项巨大的发现。

这个发现就是：如果你愿意付出代价，使用积极心态的话，你就能成为你所想要成为的那种人。不管你过去的经历、才智、智商或环境如何，这种因果关系都是真实的。记住：你有属于自己的选择权力。

现在你不必通过研究"活动矢量分析"来学会如何激励自己和别人，虽然它确实能帮助你，因为当你知道什么东西能激励个人的时候，你就能使用适当的技术。

能帮助你激励自己和别人的这种简单的技术是基于暗示、自我暗示和自动暗示的。让我们具体说明如下：

例如，假定一位销售员很胆怯，而他的工作又要求他积极主动，那么销售经理可以讲清道理，指出胆怯和恐惧是很自然的。他可说明别人是如何克服了胆怯，再向那个销售员建议：经常向自己说一句自我激励的话。

在这个例子中，销售员应当每天早晨或其他时间里多次重复这句话："要进取！要进取！"如果他处在需要他积极大胆行动的特殊环境中而他又感到胆怯时，他就特别要这样做。在这种情况下，他应根据自我发动警句"立即行动"而行动起来。

当销售经理发现他的销售员有欺骗或不诚实的行为时，他可以找他谈一次话。如果这位销售员愿意改错的话，那么销售经理可告诉他别人如何克服了这个毛病，并给这位销售员一些相关的书籍。我们已经发现了在这方面特别有效的一些书：李伟著的《我们为什么还没成功》，韩娜著的《为自己奋斗》等。

销售中要重复对自己说："要诚实！要诚实！"特别是在特殊的环境中他被引诱成为不诚实的人或进行了欺骗时，他更要有勇气面对真理。

这个方案应当很易于为你所理解。因为它在本书中时常有所说明。

◆ 把自己想象成百万富翁

人们一辈子都在期待幸福，可很多人的人生却充满了不幸、无助和孤独。人们总是认为那些美好的事物不属于自己而属于别人，并为此而哀伤懊恼。其实正是这种思维方式和心灵关注点限制了他们获得期待的东西，使得他们一生一世只能为一些无关痛痒的事物而辛苦劳累，而最终还一无所得。

18世纪，马尔萨斯提出了他那条著名的理论：人口是以几何倍数的方式增长的，而生存方式仅以算术倍数在扩张，也就是说人口增长的速度远远超过生存方式的增加。他预计在不久的将来，如果不对人口增长加以控制，人们将会因为缺少生存资源而饿死。

而今人口数量已经增长到临近他担心的界点了，又怎么样了呢？我们的人口饱和度远远超过了他的时代！高科技时代的到来，让一切都有了新的可能，我们不仅在新的运输方式下开拓了新的领域，而且在现有领域的收益也极大地增加了。今天，阿尔伯瑞切特又极具"前瞻"地指出，到2227年世界人口将达到80亿，那时地球将没法养活这么多的人，而且因为缺少食物，只能眼睁睁地看着一些饿死。

这些经济学家的见识是很短浅的，他们的思维完全束缚在毫厘的计算里，而没法走得更远。《纽约先驱论坛》发表评论文章称："到那时（2227年），人们或许只得从阳光中获取粮食，从空气中获取粮食，从地球村的自转中获取粮食！人们关于未来唯一安全的预计就是他们再不需要考虑和设置人类界限，以求与自然的协调发展了。"

五千年来，人们都用砖来建造房屋，不论是工具的使用还是工作的方式，在这段时间都从未发生任何改变。

弗兰克·吉尔布瑞斯研究了包括铺砖在内的运作方式，将它们从18块降至5块，还使砖产量从每小时120块增加到了350块。的确是个很简单的方法，但人们花了整整五千年，才想出这么简单的解决办法。

人生最重要的事，莫过于学会让自己一辈子生活在无限的富足中。就像铁笼中的雄鹰徒劳地期盼自由，大多数人也无力突破捆住自己观念的枷锁，而将自己的思维局限在贫乏的思想中。少数的聪明人认为自己理所当然地应当得到世间所有的富足、庄严和神圣，创造力是他们精神世界的核心，就像呼吸空气一样，创造人生对他们来说也是一种本能。他们自信、勇敢和无所畏惧地追求幸福的脚步，永远不会被怀疑、畏缩、懦弱和缺乏信心而停下。在他们眼里，无限的资源平等地属于每个人，能满足每个人的需要。他们身上这种丰富、积极的精神，正是他们创造力的真谛。

对于那些尚未入门的人，那些不了解人类内心活动原理的人，这些做法也许看似不切实际。

六个步骤来自安德鲁·卡内基，不过如果告诉那些认识不到这六个步骤的重要性的人，那么或许对他们有所帮助。因为卡内基本人尽管出身贫贱，曾是钢铁厂的一名普通劳动者，但他正是利用这些原理为自己创造了数百万美元的财富。

如果告诉他们在此提出的六个步骤曾接受过爱迪生的悉心检验，那么他们会更受启发。爱迪生认为这六个步骤不仅是积累财富的必经之路，同样也适用于任何目标的实现。

这些步骤不需要付出"艰苦劳动"，不需要作出牺牲，也不会让你显得荒唐可笑、妄自尊大。但是成功地运用这六个步骤，需要足够的努力和坚持，你必须明白金钱的积累不能靠偶然和运气。

一个人必须认识到，要得到巨大的财富，必须首先拥有梦想、希望、愿望、欲望和计划。

读到这里你一定明白了，如果没有对金钱的强烈欲望，并且真正相信自己能够拥有财富，那么你永远不会得到它。

如果你不能想象财富就在眼前，那么大笔财富永远不可能流入你的银行卡里。

人的生命在时间的长河里就像流星一样短暂，所以生命是宝贵的。在这短暂而又丰富的人生中，我们既要享受多彩的人生，又要承担足够的痛苦和忧虑；不仅要面对成功和鲜花，也要面对失败和挫折。一个人不可能因劳累而死，但很容易因忧虑而死，出现过劳死很多是因为精神压力，而并非身体的机能跟不上。面对忧虑我们应如何抉择？卡耐基探究了产生忧虑的原因，再结合自己数十年的成人教育经验，总结出消除忧虑的具体方案。他的这一研究能够帮助人们身心健康地投入积极向上的生活和事业，开创属于自己的人生。

有志者必定成功，没有什么是不可能的，也没有什么是做不到的，只有不敢想和不愿去做的。华盛顿则在其从政生涯里体现了他对于合乎道德要求的决心和执着，拿破仑在其英勇的一生中表现出了强大而富有韧性的意志力。但一般来说，当一个人完全受意志力的支配后，他就感觉不到欲望、情绪和感官等力量的存在了，意志力可能会完全地根据道德伦理的标准来采取行动；或者完全将道德问题搁在一边，不去理会道德的要求，而根据其他某种因素来采取行动，这对我们的致富将是一个致命的打击。

当我们身上只有最后一块钱时，仍像身上有几块钱时那样把它花掉，我们就接触到财富法则的一点儿边了。有句话说得好："从容成就富足，执拗助长贫困。"

作为上帝的儿女，我们要相信真正的幸福之日注定即将到来。到那一天，每个男人都像国王，每个女人都像王后，享受着生活的高贵和荣誉。当人类的大脑继续由低级向高级进化，当人类身上的兽性渐渐被文明教化所取代，我们就不再是贫穷、劳役和罪恶的奴隶。只要我们这些现在仍然在忧伤的人们，能超越自己的心理极限，努力达到精神世界的最高标准时，就能迎来那个崭新的时代。如果我们仍然不肯回归自省，不肯回应内在的神性，上帝那些美好的期待就注定是浮光掠影、镜花水月。在这样的情况下我们就要牢记以下创富要点：

1.富足如清泉，吝啬、怯懦、干涸的心灵与它无关，只有具有慷慨、开放的精神的人才会给人类带来富足。

2.一个人的精神高度，决定了他能达到的高度，也就是能获得什么程度。

3.努力让自己的念头远离贫穷、匮乏、开放自己的精神世界，让自己的心灵里始终占据着富足、充实的人生观。

4.当我们充分意识到这个世界是富足的时候，我们就已经能够获得新生了。

第七章
做个行动者

　　为什么一个人要富有？为什么他一定要有马匹，精致的衣服，漂亮的住宅，到公共场所与娱乐场所去的权利？因为缺少思想。你给他的心灵一个新的形象，他就会逃遁到一个寂寞的花园或是阁楼上去享受它，这梦想使他们那样富有，即使给他一州作为采邑，也还抵不过它。但是我们最终是因为没有思想，所以才发现我们没有钱。我们最初是因为耽溺于肉欲，所以才觉得一定要有钱。

　　　　　　　　　　　　——（美）爱默生

◆ 大胆地去行动

行动可能是生理上的，也可能是心理上的。一种思想能够像一种行为一样激励人，并有效地把消极的情绪转变为积极的情绪；在这种情况下，不论是生理上的行动，还是心理上的行动，都是优先于情绪的。

威廉·詹姆士作为伟大的心理学家，他已经令人确信无疑地证明了："情绪不能立即降服于理智，但情绪总是能够立即降服于行动。"

有些人所以不能成就大事，是因为他们没有把行动的力量发挥出来。

根据生命的定律，命运的门关闭了，信仰会为你开另一道门。所以我们应该积极寻找一道敞开的门；而在幸运之门前向你招手的，就是"行动"。只有不停地从事有意义的行动，我们才能从挫折、不幸的境遇中解放出来。

成功与失败的区别在于：前者动手，后者动口，却又抱怨别人不肯动手。

很多人都知道哪些事该做，然而真正积极去做的人却不多。乐观而没有积极的行动来配合，就只是一种自我陶醉。

查理在孩童时就一直想学钢琴，但他没有钢琴，也没有上过课、练过琴。对此他深感遗憾，他决定长大后一定要找时间去学钢琴，但他似乎没有时间。这件事让他很沮丧，当他看到别人弹钢琴时，他认为"总有一天"他也可以享受弹钢琴的乐趣，但这一天总是那么遥远无期。

光是知道哪些事该做仍是不够的，你还得拿出行动才是。赫胥黎说："人生伟业的建立，不在能知，乃在能行。"用心定下的目标，如果不付诸行动，便会变成画饼充饥。

希望大家不仅认识这些教诲，更要去实践它，因为知道是一回事，去做又是另一回事。《圣经》说："只是你们要行道，不要单听道，自己哄自己。因为听道而不行道的，就像人对着镜子看自己本来的面目，看见，走后，随即忘了他的相貌如何。"

伟大的艺术家米开朗琪罗曾看着一块雕坏了的石头说："这块石头中有一个天使，我必须把她释放出来。"

成功的画家盯着画布说："里面有一幅美丽的风景，等着我把它画出来。"

作家盯着稿纸说："这儿有一本旷世名著，等着我把它写出来。"

企业家说："我有很好的创业理念和理想，我一定会做到，它等着我将它达成。"

你呢？我们往往都只看见理想或是梦想，却从不采取行动。为什么不采取行动呢？

现在我们已经准确定义了自己的目标，那么踏上征途的最佳时间是什么时候呢？现在就是——如果不是物理意义上的，也是精神意义上的。

我们要毫不迟疑地踏上征途，如果犹豫的话，也许事情就会搁置几个星期、几个月，甚至永远，然后结局就像那些老人们的一样：当问如果时光可以再来，他们会……这些被我们视为理所当然的事都是他们当年没能抓住的机会。

别再犹豫了，如果想做的事情是符合法律和道德规范的，既不会伤害别人，自己又不会有什么损失，何必顾虑那么多呢？

请别让自己变成那样，现在就放胆去做！

为什么不敢尝试？谁人没有童心？谁人没有雅量？在你看来太过突兀的事，别人可能也很想做，只是没勇气尝试而已，现在你狠狠地做了，他们还可能为你鼓掌喝彩呢！再说，既然未对他造成任何不便，对方怎么会容不下。

也许身边的人不喜欢你依自己的想法去做，从而让你想试却不敢动手。那又怎么样呢？你是该为别人着想，可是不也该为自个儿多活一些吗？

每个人都有许许多多的梦想，实现梦想的企图心也很强，可就是一直都在原地踏步。他们总是不停地规划：下个月要去哪里，明年要做什么，但就是停留在计划阶段而已，一年、二年过去了，也不晓得要到何时才会实现。

如果愿意的话，每一天都可以是崭新的开始，你的机会就是现在。

◆ 行动起来

人生伟业的建立，不在于能知，而在于能行。于无穷处全力以赴，你会发现眼目所及之处仍有无穷天地。

什么样的品性酝酿出什么样的行为，最终决定了自己将有什么样的作为。正如罗曼·罗兰所述："伟大的人格，形成了崇高的举止；不为自己活，也不为自己死。"我们认识一个人要看透他的本质，而不要被美丽的外表所迷。我们可以相信一个人高贵的品质，却不可以相信一个冠冕堂皇的誓言，因为只有人的品性是最经得起风吹雨打的。

行动需要努力和冒险，而且还可能会遭到失败。但是，如果不去做的话，你当然可以避免危险和失败，但这样做又能达到怎样的目的呢？在你避免可能遭到失败的同时，你也失去了取得成功的机会。

你必须时刻告诉自己："拖延已成为我实现目标的最大阻力。"行动起来，除非你促使事物发生变化，否则，一切会依然如故。克服拖延必须"立即行动"。"立即行动"是成功者的格言，只有"立即行动"才能将人们从拖延的恶习中拯救出来。

你希望有一笔巨大的财富，你渴望成功，你甚至想得到别人没有的东西，可你行动了吗？大多数人浑浑噩噩、不思进取，他们毫不吝惜地浪费时间，做起事来拖拖拉拉，这样的人永远不会有所作为，可他们又渴望成功，这种矛盾的心理冲突会造就浮躁。尽管成功是急不得的，但如果不立刻行动起来，永远都不会成功。

　　每个人都有或有过非常美丽的梦想，只是有的人将梦想变成了现实，而有的人只能永远与梦想相伴。一个声音说，我要将成绩提高到班级前三名，另一个声音说，这不可能，我不够聪明，我条件不好；一个声音说，我想要考上大学，另一个声音说，那么多人要考大学，你竞争不过的；一个声音说，我想考上研究生，另一个声音说，你平时成绩也不怎么好，希望太小了，简单是浪费时间；一个声音说，我想自己创业，另一个声音说，你一没资金，二没经验，三没市场，四没技术，等等吧，等到有了资金，有了经验，有了机会，再创业吧……这些声音听起来，似曾相识，因为我们都曾有过这样的内心冲突。是的，我们每个人都可以拥有美丽的梦想，但并非每个人都能真正实现，因为没有立即行动起来。

　　张某是国际企业战略网的一位管理者，他就是这样做的。他认为无论做什么事，只要立即着手，就能取得圆满的成绩。在2005年，公司给他一个月的年假，于是他决定去旅游，为此他高高兴兴地为他的旅游做了很多准备，因此北京的多家旅行社就盛情地邀请他去美国观光。旅行路线包括在前往芝加哥的途中，到华盛顿特区做一天的游览。

　　张某抵达华盛顿以后就住进"威乐饭店"，他在那里的账单已经预付过了。他这时真是乐不可支，外套口袋里放着飞往芝加哥的机票，裤袋里则装着护照和钱。后来这个青年突然遇到晴天霹雳。

　　当他准备就寝时，才发现皮夹不翼而飞。他立刻跑到柜台那里。"我们会尽量想办法。"经理说。

　　可是，到了第二天，对张某做出承诺的那位经理并没有找到钱包，于是张某只能孤零零地一个人待在异国他乡的宾馆里，最糟糕的是，他身上的钱连十元钱都不到了，他该怎么办呢？打电话给北京的朋友们求援？还是到在美国求学的同学去求救？还是留在宾馆里等待警察的结果呢？但是，他对这个问题只有一个答案：不行，这些事我一件也不能做。我要好好看看华盛顿，说不定我以后没有机会再来，但是现在仍有宝贵的一天待在这个国家里。他对自己说："好在今天晚上还有机票回中国，我一定有时间解决护照和钱的问题。我跟以前的我还是同一个人。那时我很快乐，现在也应该快乐呀。我不能白白浪费时间，现在正是享受的好时候。"

想到这里，张某立刻动身，他徒步参观了白宫和国会山庄，并且参观了几座大博物馆，还爬到华盛顿纪念馆的顶端。他去不成原先想去的阿灵顿和许多别的地方，但他看过的，他都看得更仔细。他买了花生和糖果一点一点地吃以免挨饿。

在张某回国之后，他还念念不忘最使他难以忘怀的美国之旅中去看华盛顿的情景。如果那天他没有立即行动，也许现在他就会有很多的遗憾，他就会使那一天白白溜走的。"现在"就是最好的时候，他知道在"现在"还没有变成"昨天我本来可以……"之前就把它抓住。

从张某的经历中我们可以看出，一个人只要认识到他的每一次行动都是一次赢得时间、赢得金钱的行动，那就要立即行动。因为立即行动是最好的自动启动器。不管什么时候，如果觉察到拖拉的恶习正在侵袭你，或者这种恶习已经缠住你了，这四个字都是对你的最好提醒。如果你一开始就抱有退却的念头，准备不足，那就只能什么事都做不成。所以说，我们不管什么时候都有许多事情要做，要克服懒惰，你不妨从遇到的每一件事上入手。不要在意是什么事，关键在于打破游手好闲的坏习惯。换个角度来说，假如你要躲开某项杂务，你就要针锋相对，立即从这项杂务入手。要不然，这些事情还是会不停地困扰你，使你厌烦而不想动手。更坏的是，拖延有时会造成悲惨的结局。

没有什么习惯比拖延更可怕的了。人应该极力避免养成拖延的恶习。人受到拖延引诱的时候，要振作精神去做，绝不要去做最容易的，而是要去做最艰难的，并且坚持做下去。这样，自然就会克服拖延的恶习。拖延往往是最可怕的敌人，它是时间的窃贼，它还会损坏人的品格，败坏好的机会，劫夺人的自由，使人成为它的奴隶。

要医治拖延的恶习，唯一的方法就是立即去做自己的工作。要知道，多拖延一分，工作就难做一分。"立即行动"，这是一个成功者的格言，只有立即行动才能将人们从拖延的恶习中拯救出来。

◆ 行动有方

思想本身是一种创造力，同时也能推动创造力的产生。按照特定方式行事就能创富，但人不能只重空想，不重实践。很多人之所以失败，就是因为没有将思想行动结合起来。

不经过脑子的行动只是鲁莽行事，是不会有好结果的，可见思想必须领先于行动并且指导行动。所有的境遇自有其成因，一切的经历都只不过是一种结果；社会之所以能够正常地运行下去，也都是由于因果循环，和谐有序的规则存在着。

心灵的能量是创造力的源泉，成功商人是靠这种能量才能向越来越高的标准迈进，他们常常也是理想主义者。运用精神能量的理想化、视觉化，集中意念，使一点一滴的思想在我们每日的心境中不断地结晶，形成我们现在的生活。

像我们童年时玩的橡皮泥一样，思想是具有可塑性的，它帮助我们构筑生命成长的蓝图。使用思想就是思想存在的体现，才能使有价值的事物发挥作用。无论想要做成什么事情，对它的认识和恰当运用是必要的。

不劳而获的财富是我们生命中的匆匆路人，也是灾难和羞辱的开始。因为只有通过自己努力得来的财富才是真实的，才是属于我们的。假如我们不配得到财富，或者不是我们努力所得的，那我们也就无法永久地占有这些财富。

　　人类社会尚未发展到无须经过自然演变或人工劳动，就直接靠无形本体创造出一切的阶段。因此，人不能只会空想，还要用实际行动支持其想法才行。

　　通过思想作用，你可以让深山埋藏金矿，但黄金不会自己从山里蹦出来、提炼干净、铸造成金币，然后跳进你的口袋。

　　自然会依靠其强大的力量安排和部署人类的生活和工作。他会指引人们去开采黄金，并安排一些人通过商业交易把黄金带给你。所以，你必须规划一切，不管是有生命的还是无生命的，而你的行动则负责指引你去得到一切。你不能通过别人施舍或偷盗来获得想要的一切。在创富过程中，你为每个人提供的物品的使用价值，要大于对方付给你的货币价值。

　　科学利用思想分两步：第一，要明确自己想要什么，并在脑海中形成清晰的图像；第二，你要坚定信念，并下决心获得一切。

　　不要试图用任何神秘或超自然的方式将思想传达出去，然后坐等成果出现，这么做只会白费力气，而且还会削弱你的思考和判断能力。

　　关于怎样利用思想创富的问题，我们已经在前文中提到过。要想，你就必须怀抱信念和决心，将愿望传达给无形的本体。由于本体跟你一样都想充实和完善自己，所以他会接受你的愿望，并推动所有创造力按照各种渠道为你服务。

　　你的任务不是指导或监督整个创造活动，而是时刻保持清晰的理想蓝图，并下定决心，坚定信念，还要处处心存感激。

　　不过，只有按照特定的方式行事，你才能保证想要的一切都会到来，并如愿以偿地得到蓝图中描绘的一切，然后让它们各得其所。

　　你应该了解一个事实，即你想要的东西必定是通过他人之手获得的，而将东西送到你面前的那个人必定会向你索要一件价值相当的东西。

俗话说得好，有付出才会有收获。

不要心存侥幸，认为自己可以不劳而获，让金钱自动充满钱袋。

创富法则的关键，就是要让思想与行动结合。很多人，不管是自觉还是不自觉，都在信念和欲望的驱使下将创造性思想付诸了行动，但这些人之所以仍然贫穷，就是因为在想要的事物到来时没有做好接收的准备。

思想负责创造想要的东西，而行动则负责接收这些东西。

事实上，不管怎样创富，你要做的就是立刻行动起来。过去的"行动"对现在没有任何意义，所以你要彻底挥别过去的思想，让梦想的蓝图时刻保持清晰可见。对于未来，你无能为力，因为未来尚未到来，而且不可预测，我们能做的只是等待。

不要因为不喜欢现在的工作或所处的环境就推迟行动的时间，认为应该在时机都成熟的时候再行动；也不要浪费时间思考未来可能出现的各种问题。你要做的就是信任自己，相信自己有能力处理所有突发事件。

如果一边做事，一边心不在焉地想象未来可能出现的各种情况，那么你的行动效率肯定不高。

现在就行动起来吧！一定要活在当下，把握当下！如果你想在机会或财富降临时抓住它们，那么就从当下开始行动吧！

记住，无论你做什么，怎么做，你的行动都必须以你目前的事业为基础，针对当前环境中的人或事展开。

如果一味地关注他处、过去或将来的事情，一个人将一事无成。

一句话，做好眼前事才最重要。

不要为昨天的工作好坏而烦恼，只要专心把今天的工作做好即可。

不要在今天做明天的事，因为该做某件事的时候，你自然会抽出时间去做。

不要依靠神秘或超自然的力量，在力所不能及的范围内影响他人、他事。

不要等环境改变后再行动，而要靠自己的行动改变环境。

你要用行动去改变环境，让它变得更理想。

你要在坚信未来环境会更美好的同时，全心全意地致力于改造现在的环境。

不要将时间浪费在不着边际的幻想上，而应该坚定目标，立即行动起来！

不要一味追求标新立异，让自己的创富方法与众不同。在创富的过程中，有些方法你可能以前用过，但你有必要重新来过，而且一定要按照特定的方式进行。如此一来，你定能成功创富。

如果你认为目前的工作不适合自己，千万不要等到找到满意的工作后才开始行动。

不要因为工作不合适而怨天尤人、自暴自弃。一时的错位不等于永远错位，而一开始入错行也不代表永远都要从事错误的行业。

选定一个理想的职业，下决心得到它，但必须先立足于本职工作。以现有的工作为跳板，努力求得更好的职位；利用当下的环境作基础，创造一个更加美好的环境。如果坚定信念，智慧定会帮你得到满意的工作。

如果你正受雇于人，靠工资为生，而且想改变现状，得到梦想的一切，那么一定不要妄想只靠"空想"就能得到一切。如果是这样，你将一无所获。

你的梦想和信念会刺激创造力开始行动，把理想的工作带给你，而你的行动则能聚集现有的力量，将你推向你想要的工作。

第五条创富理论：要得到想要的一切，人必须抓住现在，正确地处理与对待目前所处环境中的人、事、物。

◆ 做个高效的行动家

众所周知，舞台越大，自我发展的空间就越大。然而，如果不把与目前职责相关的工作做完，一个人就不可能有机会拥有更大的舞台。

只有完成了现有职责的人才能推动世界的发展。

如果世界上所有人都不做好分内事，那么社会肯定会退步。不负责任的人最终会成为社会的累赘，因为社会还需要浪费人力物力来照顾他们。正是因为这类人的存在，人类社会进步的速度才会变慢。这些人无论从思想、行动，还是生活态度，都还停留在20世纪的水平，所以迟早会遭到淘汰。如果人人都不尽其责，那么社会肯定不会进步，因为社会的演变是由人类的肉体和精神的双重进化来决定的。但动物世界的演变就简单多了，对它们而言生命的延续就是进化。

当某种生物目前的机能无法完全正确展现其生命潜能时，就会往更高的级别发展，于是一个新的物种就这样产生了。

如果机体不愿超越自我，那么新的物种就不会出现。自然进化的法则同样适用于每个想要创富的人。如果想创富，就必须把这个法则运用到你的日常事务中。

每一天过得成功与否都取决于你。如果你能得到想要的东西，那么这一天就是成功的。

如果每天都很失败，那么创富就与你无缘了。相反，如果每天都很成功，那么你就绝对能创富。

如果没有做到今日事今日毕，那么从这件事本身而言，你就失败了，而其后果可能比你想象得要糟糕很多。

即使是最微不足道的事情，你也不可能预见其结果，因为你根本不可能知道那些作用于生活中的无形力量会有什么行动。一个看似不起眼的行动，却可能帮助你打开机会的大门。你永远不会知道无上的智慧会怎样安排你的生活。或许，你一时的疏忽或一次小失误，就可能无限期地延迟成功的到来。

然而，在实际行动中，还是有很多需要注意的地方：

首先，工作不能过度，也不能盲目。我们不能不切实际地要求自己在最短的时间里完成最多的工作。

其次，无须要求自己在今天完成明天的工作，也不需要一天之内完成一周的工作。

行动要注重效率，而不是一味讲求数量。

低效率的行动就意味着失败。如果你的一生都低效地行动，那么可以说你的人生是失败的。反之，高效的行动就意味着成功。一个人会失败，就是因为低效的行动太多，而高效的行动又太少。

如果你能始终保持高效的行动，而摒弃低效的行动，那么你就一定能成功创富，这是一个不言自明的事实。如果你有办法让每个行动都变得高效，那么创富方法就能简化成数学运算了。

这么一来，创富的关系就变成你是否能高效地完成每一件工作了。事实上，你完全可以做到。

你一定能让每个行动都成功，因为你不是一个人在战斗，世间所有力量都会助你一臂之力。

行动有强弱之分。如果每个行动都异常有力，那么就表示你正依照特定的法则行事，也就是说你肯定能成功创富。

很多人之所以失败，就是因为没有把思想和行动统一起来。他们完全分离了思想和行动，因此这些行动注定会失败，而且行动效率注定不高。如果在每次行动中都全力以赴，那么不管大事小事都会成功，而且根据自然规律，每次成功都会为下次成功创造机会，帮助你快速实现梦想。

记住，成功是累加的结果。追求更充实的生命是万物的渴望，所以当一个人开始追求更充实的人生时，许多力量就会附在他身上，由此一来他对生命的渴望就会影响到其他事物。

如果你希望梦想尽快实现，那就从现在开始争分夺秒地进行上述练习吧！

通过不断地练习，你就能借助梦想的蓝图来刺激自己的思想，直到它们充满你的意念，让一切都成为条件反射。做到了这一点之后，如果你能在工作中参考这些图像，激发自己的信念和决心，就一定能取得理想中的最大成就。到那时，对一切都能信手拈来的你，只要想要梦想实现后的美好，就会立刻开足马力，向着目标疾驰而去。

在结束之前，让我再次重温那几条创富的黄金理念。不过，这次我们稍稍作了一些修改，以便让它涵盖至今谈到的所有内容：

第一，意念可以创造成功，而意念存在于你的内心。

第二，意念产生形象，然后再根据形象创造实物。

第三，人类能够产生意念，并借助其力量，化意念为力量。

第四，要做到这些，人的思维模式必须从竞争型调整到创造型；必须描绘出一幅清晰的理想蓝图，并靠着坚定的信念和必胜的决心，竭尽所能地做好每一天的工作，让每次行动都变得有力而高效。

第八章
健康也是一种财富

保持健康，这是对自己的义务，甚至也是对社会的义务。

——（美）富兰克林

◆ 健康是创富的根本

在创富心理学中，当我们培养了积极进取的人生态度时，紧随其后的就是要使自己拥有健康的身体。心理学家指出，健康作为人生最基础的资本，是克服一切困难，获得一切成果的锐利武器，谁拥有健康，谁就拥有世界。

从创富心理学的角度来分析，我们可以这样说，衡量一个人事业的成功与否，并不以其在银行中存款的多少而定，而全在于他怎样利用身体内在的所有资本，以及他做事的能力。一个身体柔弱，或者因嗜好烟酒而精力不佳的人其成功的机会要比那些体格强壮精神旺盛的人少很多。任何一个冷静的人、执着的人、有为的人，都会保持自己的健康状态，不论是身体上的，还是精神上的，他对生命中最宝贵的资产，决不轻易消耗。

体力和精力是我们成功的资本，我们应该把握其消耗，汇集全部精神，对体力和精力作最经济、最有效的利用。

最可怜的就是那些早晨一开始工作，就精神颓唐、毫无生气的人。这样的人去工作，怎么可能得到出色的业绩呢？很少有人能够彻底明白体力与事业的关系是怎样的重要，怎样的密切。人们的每一种能力，每一种精神机能的充分发挥，与人们的整个生命效率的增加，都有赖于体力的旺盛。

体力的旺盛与否，可以决定一个人的勇气与自信心的有无；而勇气与自信，是成就大事业的必需条件。体力衰弱的人，多是胆小、寡断、无勇气的。要想在人生的战场中得到胜利，其中一个先决条件，就是每天都能以一种体强力健、精力饱满的状态去对付一切。然而有些人却以一个有气无力、半死半活之躯从事于工作，他怎么能够取得胜利呢？所以说，对于我们整个生命所系的大事业，我们必须付出全部力量才能成功。只发挥出你的一小部分的能力从事工作，工作一定是干不好的。而要避免这一点，我们就必须是一个身体健康的人。

充沛的体力和精力是成就伟大事业的条件，这是一条铁的法则。虚弱、没精打采、无力、犹豫不决、优柔寡断的人，有可能过上一种令人尊敬和令人羡慕的高雅生活，但是他很难往上爬，不会成为一个领导者，也几乎不可能在任何重大事件中走在前列。

健康是成功的基石，无数成功人物都是有着超人的强健体魄辅助才获得惊人的成就的。米开朗琪罗在他伟大的绘画作品中，无论是描绘天堂还是地狱，无一不体现出强壮的身体力量，这就是意大利人对人的力量的热爱。布雷厄姆曾连续工作将近144小时，拿破仑曾持续24小时在马背上行军，富兰克林70岁时还在露天宿营，格莱斯顿84岁高龄时还紧紧掌握着国家这艘航船的方向，他每天能奔走数英里，在85岁时还能砍倒大树。

有位心理学家说得非常的好，他说："正是精神使身体强壮。"精神是身体天然的保护神。一种意识健全、有教养、受过良好训练的智力首先会反映在体格上，而且会使体格与自身协调一致。另一方面，虚弱、犹豫不决、狭隘和无知的精神，最终只能把身体也带入同样糟糕的状态。每一种纯洁和健康的思想，每一个对真善美的崇高渴望，每一个对更高和更好生活的向往，每一种高尚的想法和无私的努力，都会反映在身体上，使身体更强壮、协调和优美。

一种纯洁、高尚、神圣和正直的思想，一个清醒的头脑，很容易使人长寿；远大的理想，高尚的生活，慷慨的心胸，仁慈心以及博爱无私的情感，都有助于延长寿命；而相反的品质则会缩短寿命。

有些人在工作时间以外所耗费的精力，要多于工作中所耗费的精力。如果有人去提醒他们，劝告他们，他们或许还会发怒。在他们看来，只有体力的消耗才使人的精神受损，但他们不知道精力也会有种种消耗，比如烦恼、发怒、恐惧，以及其他种种不良的思想。

睡眠和营养的不足、户外运动的缺乏、工作过度，凡此种种，都是减弱体力、损害身体的主要原因。洛伦兹·弗尔教授是一位知名学者，他活在世上的时间高达85年。在他即将逝世的时候，他在总结自己长寿经验时说了这么几条："努力工作，但任务不要太繁重。要避免忧虑和恼怒，尽可能以和你的性情相符合的方式来生活，充分利用上天赋予你的才能。尽量不要生活在太大的压力之下。面对金钱和健康，要合理选择。一日三餐，要进食水果、蔬菜、谷类、鸡蛋和牛奶。从一开始就要成为严格戒酒、戒烟者，并且要终生保持这一好习惯。要进行有规律的日常锻炼。记住，保持清洁是神圣的。不要喝浓咖啡或者浓茶。感到疲倦想睡觉时就睡觉，每人每星期至少有一天用来休息。如果你做到了上述这些，十之八九你会长寿。"

一个人在世界上要想大有作为，必须善待自己，应该当心自己的身体。你应该以一个精强、壮健、完全的"人"去从事工作，工作对于你，是趣味而非痛苦；你对于工作，是主动而非被动。假如你不知呵护而以一个精疲力竭的身体去从事工作，你的工作效率自然要大减。在这种情形之下，你所做的一切，将都带着"弱"的记号，成功是难以得到的。

许多人就失败在这点上——从事工作，进行事业时，不能发挥出其全部的力量——一个活力低微、精神衰弱、心理动摇、步履不定、情绪波动的人，自然不能成就出什么了不起的事业来。

有许多人不知自爱，常常在无意识中损害自己、欺骗自己。他们出外办事时，总是饮食无定，有时竟一点东西也不吃，就是吃也不依照正常的时间。他们剥夺了自己睡眠和休息娱乐的时间。由于他们经常摧残自己的身体，所以，不到40岁，他们的头发已经渐白，身体已经显出衰老的样子。他们竟然不懂得，要实现自己的雄心和壮志，需要体力与之配合。所以，一个人对自己的体力切不可随意消耗，对自己的身体尤其要注意保养。

◆ 珍惜自己的身体

洛克菲勒是美国著名的石油大王，在他年轻时，他是一个十分刻薄寡恩的人，因而处处遭人咒骂，许多在他手下工作过的人也都纷纷背弃了他。由于害怕别人报复，他时时提心吊胆，再加上工作劳累，很快就得了不治之症。在53岁时就面临生命的危险，被人形容为活着的木乃伊。在行将就木之际，他接受了医生的建议，放弃了久久把持不放的公司领导权，转而关心那些曾经被他鄙弃的穷苦人。

洛克菲勒退休后，他确定的主要目标就是保持健康的身体和心理，争取长寿，赢得同胞的尊敬。下面是洛克菲勒达到这个目标的步骤：

1. 每星期日去参加礼拜，记下所学到的东西，供每天应用。

2. 每晚睡八小时，午睡片刻。适当休息，避免疲劳。

3. 每天洗一次盆浴或淋浴，保持干净和整洁。

4. 移居佛罗里达州，那里的气候有益于健康和长寿。

5. 有规律地生活。每天到户外从事自己喜爱的运动——打高尔夫球，吸收新鲜空气和阳光；定期做室内的运动、读书和其他有益的活动。

6. 饮食有节制，细嚼慢咽。不吃太热或太冷的食物，以免烫坏或冻坏胃壁。

7. 汲取心理和精神的维生素。在每次进餐时，都以文雅的语言与人交淡，还同家人、秘书、朋友一起读励志的书。

8. 雇用毕格医生为私人医生（他让洛克菲勒身体健康、精神愉快、思维活跃，愉快地活到98岁高龄）。

9. 把自己的一部分财产分给需要的人。

洛克菲勒起初的动机还是从自利的角度考虑，他分财产给别人，只是为了换取良好的声誉。但无意中却收到了一种他未曾预料的效果：他通过向慈善机构捐献，把幸福和健康送给了许多人。在他赢得声誉的同时，他自己也得到了幸福和健康。他所建立的基金会造福于后人。

洛克菲勒心智模式的改变，使他的身体健康也发生了根本性的变化，最后他活了98岁，而且是高质量地多活了45年。

洛克菲勒在刻薄的前半生创造了一个臭名昭著的商业帝国，却几乎付出了他的生命，而病重时宽容博爱之心却造就了一个多活45年的医学神话。60岁之后的他学会了感激，虔诚地感激每一个人的帮助，感激如芒刺背的诤言，并大量地从事慈善活动，由此，我们才有幸看到一个遍施福音、举世赞誉的慈善大家。他的善举不仅让他获得了新生，也让成千上万的人得到了新生。

二战的硝烟刚刚散尽，成立联合国的事情就被提到了日程上来。但是，当时各国的国库都很空虚，在寸土寸金的纽约筹资买下一大块地皮，并不是一件容易的事。联合国筹备人员对此一筹莫展。听到这一消息后，洛克菲勒家族经商议，马上果断地出资870万美元在纽约买下了一块地皮，而且不附带任何条件地将它赠予了联合国。

在他之前，富有的捐赠人往往只是资助自己喜爱的团体，或者馈赠几幢房子，上面刻着他们的名字以显示其品行高尚。而洛克菲勒的慈善行为则更多地致力于促进知识创造和改善公共环境，这完全超越了个性，更加富有神话色彩，其影响也更为广泛，意义也更加深远。他放下了尘俗的心，享受着世界的快乐。

洛克菲勒如果在后来没有健康的身体，也就不会为社会做出那么大的贡献。所以，在现实生活中，一些有作为、有知识、有天赋的人往往被不良的健康状况所羁绊，以至于终身壮志难酬。许多人都过着一种不快乐的生活，因为他们自己意识到，在事业上，他们只能拿出一小部分的真实力量，而大部分的力量却因为身体不佳而力不从心。由此，他们对于自己、对于世界就产生了消极思想。天下最大的遗憾，莫过于理想不能实现。他们感觉到自己有很大的精神能力，但是却没有充分的体力作为后盾。胸中虽有凌云志，却没有充分的力量去实现，这是人世间最悲惨的一件事情。

一个人要想成就大业，赚到大钱，除了才干、机运之外，还有一点更加重要，那就是健康！当一个人年轻时，身体好精神足，可以整夜不睡觉，所以还没有"健康"两个字的概念，等到了一定的年纪，就会慢慢地体会出"健康"的可贵。一般来说，人身体的发育到25岁左右就停止了，换句话说，要开始衰老了，就好比一个人爬上了峰顶，要开始走下坡一样。

一个人身体的变化是一种生理规律，谁都无法阻挡。但对于事业来讲，大部分人都是在四五十岁这一阶段取得成功的，这恰好是人的身体由盛转弱的时期。那些平时注重身体保养与健身的人，这时可能会尝到了甜头，而那些只顾拼命，不管身体的人会吃到苦头。更令人悲哀的是，有的人可能正值事业的巅峰，却大病缠身，一命呜呼。要是早知如此，他们平时一定会注意自己的身体。

　　所以说，一个有志于干大事的人，一定十分爱惜自己，自我激励，准备在人生的竞技场上崭露头角。他无时不在训练自己，就像那些运动员一样。他从不荒废自己强健的身体和竞技状态，并刻苦奋斗，以争取比赛的胜利。有时为了让自己有精神、有生气、能吃苦耐劳，他不得不竭力克制自己，避免一切日常生活的越轨，他戒绝烟酒，制止自己去吃一些有害于身体健康的食物。他所吃的只限于有益于保持身体良好状态的食物。他会有效地管理自己的睡眠、进食、运动，一切都有条有理，遵守一定的规律。

◆ 情绪主导人的健康

在我们的生活中起至关重要作用的是知识。我们不仅可以依赖知识获得生存的力量，还可以利用知识更有效地控制和调节我们的情绪，力量乃至机缘，使我们获得更加积极更加健康的性格与心态。

倘若我们对负面观念的作用还一无所知，那么负面观念自身所产生的破坏性作用可能已经在我们的身体中集结了庞大的敌对力量，它植根于我们的潜意识当中，并幸灾乐祸地准备着收获它所想要的结果。因此，我们应该不断反思自己的思维方式是否存在问题，把不良的诱因消解在萌芽状态中。

如果过多的消极因素存在于我们的思维中，那么根据因果相循的原理，我们就必须为病痛、失败、颓废、虚弱和无力所累。归根结底，我们所思考的决定了我们将获得的，什么样的因必将产生什么样的果。

如果你已身患疾病，那么请借助前文所提到的在大脑中构造美好愿景的方式，来尝试更新和消解体内消极的敌对力量。你会发现，当你持续不断地将自身体魄雄健的图影烙印在头脑中，并反复将它显现时，各种非疑难的微小病痛就会减轻或渐渐地消失殆尽，即使是常年的慢性病痛也可以改变，而且所需要的时间只是数周而已。积极暗示的力量如此强大，很多人应用此法获得成功，你难道还做不到吗？

我们身体内的每个细胞都是充盈着宇宙精神的。智慧的小精灵，无须我们的指引，它们可以帮助我们轻松、圆满地解决身体中的一切问题。每一个细胞都具有非凡的创造力，它们会按照最理想的图景勾勒出你希望看到的现实。

当你将完美理想的图画储存在你的大脑时，你身体内的细胞就会听命于你，细胞的天才的创造力就会将一个真实而健康的体魄完美地打造给你。

我们大脑中的细胞也在遵循同样的法则而工作。我们的心态与思想控制着大脑，如果我们将不良的图景或信号倒入大脑并为主观意识所接纳，那么我们的身体也会接收到同样的信息，日渐衰退。因此不时地将健康、乐观、积极的观念导入大脑中才可以确保我们拥有强健的体魄。

因此，我们完全可以控制并引领我们的身体向着我们希望的方向发展和变化，通过了解精神的力量或宇宙精神的法则使自己与自身的智能保持高度一致，让机体自身的智能反应得到我们主观思维的顺应与支持。

现在，已经有越来越多的人支持并认同这一法则。并全力以赴地进行研究。在这一研究课题上，小菲尔博士著述甚多，他曾经说过："迄今为止，精神疗法在医学界中尚未得到他应该被给予的认真对待，在心理学界也极少有人以此为出发点进行精神能量方面的研究。尽管它是如此的重要，但很少有人会关注精神所产生的巨大能量。"

医生往往只是使用看得见、摸得着的医疗手段，却忽略了对精神疗法的实际运用。一旦医学界对精神疗法开始重视之后，很多现今医疗领域中存在的难题将会得到更合理的解决。它可以大大降低病人的痛苦，提高治愈率。

从本质上来讲，精神治疗是一种自我唤醒或自我暗示，患者本人就可以独立完成。尽管大多数病人并不知道这个道理，并且从未在自己身上使用过，但如果有一天他们开始借助于精神疗法治疗自己，将会使他们取得意想不到的结果。

许多人都抱有这样一种荒谬的信念：人类的一切皆来源于上帝的安排。如果真是这样的话，那么所有人类生命的救助岂不成了对上帝的全能安排而做出的反抗吗？因此真正顺应于上帝的意志的生命应该确信，无所不在的宇宙力量可以帮助我们去除人世间本不应该存在的不和谐因素，消除一切疾病与痛苦。